Amit Mishra

Estudo sobre as práticas científicas de cultivo da batata na Índia

Amit Mishra

Estudo sobre as práticas científicas de cultivo da batata na Índia

Imprint

Any brand names and product names mentioned in this book are subject to trademark, brand or patent protection and are trademarks or registered trademarks of their respective holders. The use of brand names, product names, common names, trade names, product descriptions etc. even without a particular marking in this work is in no way to be construed to mean that such names may be regarded as unrestricted in respect of trademark and brand protection legislation and could thus be used by anyone.

Cover image: www.ingimage.com

This book is a translation from the original published under ISBN 978-3-330-34751-9.

Publisher:
Sciencia Scripts
is a trademark of
Dodo Books Indian Ocean Ltd. and OmniScriptum S.R.L publishing group

120 High Road, East Finchley, London, N2 9ED, United Kingdom
Str. Armeneasca 28/1, office 1, Chisinau MD-2012, Republic of Moldova, Europe
Printed at: see last page
ISBN: 978-620-8-02265-5

DEDICADO

**Para o meu adorável avô Shri.
Virendra Mishra e aos meus
queridos pais Shr. Shivaji Mishra
& Sm. Sunita Mishra**

Amit Kumar Mishra... .

ÍNDICE

RECONHECIMENTO

*Em primeiro lugar e acima de tudo, devo o meu profundo sentimento a **"Deus"** todo-poderoso por me ter dado força para ultrapassar as dificuldades que se me depararam no caminho para a realização deste projeto e sem cujas bênçãos a minha presente tese não teria existido.*

*Expresso a minha dívida e inestimável gratidão ao meu estimado conselheiro principal e presidente **Dr.R.K.Doharey**, Professor Associado e Diretor, Departamento de Educação de Extensão NDUA&T, Kumarganj, Faizabad, pela assistência inestimável que me prestou. Agradeço-lhe sinceramente a sua orientação retórica e perolada, o seu encorajamento imperativo e persistente, o seu aconselhamento fácil, as suas críticas construtivas e a sua paciência imediata para com o atual esforço.*

*Estou muito grato aos membros do comité consultivo **Dr. Subodh Kumar** Professor Associado, Vet. Science (Membro maioritário), **Dr. G.P. Singh.** Asstt. Prof. Agril. Economics (Membro do sector menor), **Shri S. K. Tyagi** Professor Associado do Department of Agril. Statistics of Deptt. Of Agril. Statistics (Membro de um domínio relacionado), **Dr.R.A.. Singh** Diretor do Departamento de Extensão Agronómica (nomeado pelo reitor)*

Estou imensamente grato ao Dr. M.S. Aulakh, Hon'ble Vice-Chancellor, ao Dr. T.P.S. Katiyar, Dean, College of Agriculture e ao Dr. A.P. Rao, Dean Student Welfare, por me terem proporcionado todo o tipo de facilidades e por me terem abençoado calorosamente durante o meu período de estudo nesta universidade. Os meus agradecimentos cordiais são especialmente devidos ao Dr. R.K. Dohray, Professor Associado, Departamento de Educação para a Extensão, ao Dr. Shesh Narayan Singh, S.M.S., Departamento de Educação para a Extensão e ao Shri S.M. Tripathi, Departamento de Agro-Meteorologia, ao Sr. Mukesh Srivastava, ao Shri Arvind Kumar, Assistente de Laboratório e ao Shri Pancham Ram pela sua ajuda e bênção durante o meu trabalho.

*Agradeço também ao **Dr. R.K.Doharey**, ao **Dr. Shesh Narayan,** ao **Dr. Subodh Sachan,** ao **Shree. S.K. Tyagi, Dr. Dr. R.A. Singh, Dr. G.P. Singh, Dr. Suman, Dr. Manish Singh,** incluindo o pessoal não docente e outros membros do pessoal do Departamento de Educação para a Extensão, por terem proporcionado as facilidades necessárias e uma ajuda cordial sempre que necessário.*

*As palavras são inadequadas para exprimir o amor e a gratidão à minha avó **Smt. Dropadi Mishra** e ao meu avô **Shri. Virendra Mishra,** aos meus pais **Sri. Shivaji Mishra, Smt. Sunita Mishra,** ao meu tio Devendra Mishra, Shailendra Mishra, Gyan Prakash*

*Mishra, Sanjay Mishra, Bantu Mishramy, o meu irmão mais velho, **Ankur Mishra,** e os meus irmãos* *mais novos, **Piyush, Achal e Ayush,** bem como os membros da minha família, pelo seu constante encorajamento e inspiração durante os meus estudos.*

*Gostaria de estender os meus sinceros agradecimentos aos meus respeitados seniores, **Sr. Rahul Singh, Sr. Bhanu Pratap Singh,** Sr. Jeetendra Pandey, **Srta. Salini Shrivastav**, e **Miss. Neha** pela sua incansável ajuda, inspiração, sugestão e encorajamento, sem os quais o meu sonho não teria sido realizado.*

*Não tenho palavras para exprimir os meus agradecimentos aos meus colegas de turma, **Gyanendra Verma,** Ravi, **Subhash, Devendra e Swati,** e aos **Srs. Arvind, Shrikant, Shusil, Mohit, Narendra, Rishabh, Shivnarayan, Vijay, Abhishek** e aos meus amigos íntimos, **Ravindra Pandey,** Akash Tyagi, **Gyanendra Verma**, Ravendra Agnihotri, Rahul, **Ankur, Arpit, Ansul, dabu.** Akash Tyagi, **Gyanendra Verma, Ravendra Agnihotri, Rahul, Ankur, Arpit, Ansul, dabu, Anurag Yadav, Arpan, Amit, Saurabh, Shivam, Gaurav, Ashu, Satyam, Rajan, Navendu, Abhishek, Sunil Mishra, J.p. Singh, Rajnesh, Moshin, Mosif, Viktesh, Sanjeev, Abhishek Shukla, Rajiv Mishra, Pankaj Tiwari, Ankush, Rohit, Monu Mishra e Ajay** pela sua cooperação e ajuda sempre que surgiram problemas.*

*Uma palavra de apreço vai também para o **Sr. Jay Pee Mitra** que disponibilizou o seu computador para a dactilografia da tese e para **Shri Raja Ram Yadav** para a análise dos dados.*

Depois disso, estou grato a todos aqueles que me ajudaram no meu trabalho de investigação, mas esses nomes não são lembrados quando estou a fazer este manuscrito.

Narendra Nagar
Kumarganj, Faizabad.
  ,julho,2014

(Amit Kumar Mishra)

ABREVIATURAS UTILIZADAS

%	:	Per cent
@	:	At the rate
oC	:	Degree Celsius (formerly degree centigrade)
A.D.Os.	:	Assistant Development officer
B.D.Os.	:	Block Development Officer
DRDAs	:	District Rural Development Agencies
DWCRA Areas	:	Development of Women and Children in Rural Areas
et al.	:	et alli (co authors)
etc.	:	Et cetera
Fig.	:	Figure
H.Q.	:	Head quarter
ha	:	Hectare
i.e.	:	that is
Kg	:	kilogram

lt.	:	Litre
Max.	:	Maximum
Min.	:	Minimum
Mm	:	Millimtre
N	:	Total number of respondents
N	:	Nitrogen
No.	:	Number
P	:	Phosphorus
qtl.	:	Quintal
Rs.	:	Rupees
S. No.	:	Serial number
S.D.	:	Standard Deviation
S.D.A.E.Os.	:	Sub-Divisional Agriculture Extension Officer
V.D.Os.	:	Village Development Officers
viz.,	:	Videlicet, namely

A batata (Solanum tuberosum L.) é uma das principais culturas hortícolas do mundo. É uma importante cultura de inverno nas planícies da Índia e a sua produtividade varia consideravelmente entre as regiões, entre as áreas de uma região e com as práticas culturais, mesmo com um elevado nível de fertilidade. Entre as culturas alimentares, ocupa o quarto lugar em importância, logo a seguir ao arroz, ao trigo e ao milho, cobrindo cerca de 21,22 milhões de hectares, e o quinto lugar em produção, produzindo cerca de 309,5 milhões de toneladas, depois da cana-de-açúcar, do arroz e do milho. O habitat original da batata é o planalto andino da América do Sul.

É uma cultura de regiões temperadas. Aclimatou-se a uma vasta gama de condições climáticas. A temperatura necessária durante o período de crescimento da batata é de 18-20° c. A batata é cultivada em solos arenosos a médios, com pH de 5,2 a 6,4.

A batata é um dos membros mais úteis e importantes da família das solanáceas e pertence ao género Solanum, composto por sete espécies cultivadas e cerca de 154 espécies selvagens, mas a batata comercialmente valiosa tem apenas duas espécies, ou seja, *Solanum andignum* e *Solanum tuberosum*. Tem um valor especial como alimento, para além do amido, que é uma fonte rica; também fornece substâncias essenciais para a construção do corpo, tais como vitaminas, minerais e proteínas. Assim, a batata é uma das fontes mais ricas de calorias necessárias para manter a produção diária de energia humana. Proteína, 10 gm. de cálcio, 20 gm. de magnésio, 247 gm. de potássio, 17 gm. de vitamina e 1,2 gm. de ácido nicotínico. Fornece 87 gm. de calorias ao corpo humano.

A batata pode ser cozinhada de muitas maneiras; pode ser cozida, frita, assada, cozida no forno ou no vapor, pode também ser transformada em flocos, cubos, grânulos, batatas fritas, bolos de panela, etc. São bons para o pequeno-almoço, almoço e jantar.

Na agricultura indiana, a produção de batata assumiu um lugar significativo devido à sua contribuição considerável para a economia agrária nacional. É responsável por quase 2,2% do rendimento agrícola total do país para o rendimento nacional a partir de apenas 0,6% da área cultivada com batata. A batata é cultivada em 22 dos 35 estados e territórios da união do país.

Na Índia, a batata é cultivada em cerca de 1,3 milhões de hectares, com uma produção total de 24,7 milhões de toneladas. É cultivada em grande escala em Uttar Pradesh, Bengala Ocidental, Bihar e Punjab. Só o Uttar Pradesh produz quase 41% do total de batata produzida no país.

Entre estes estados, o Uttar Pradesh é um dos principais estados produtores de batata, com uma área de 4,42 lakh hectares e uma produção total de 10109,1 mil toneladas e uma quota de 43,88% da produção acumulada, com um rendimento médio de 225,80 quintais por hectare.

A batata é também uma cultura hortícola no Uttar Pradesh. O Estado tem a rara distinção de produzir batata durante quase todo o ano, em virtude da sua produção nas colinas e planícies dos Estados.

Nas últimas duas décadas, registou-se um aumento notável da área, da produção e da produtividade desta cultura. Este aumento deve-se principalmente ao material de plantação isento de doenças, à disponibilidade óptima de fertilizantes, à melhoria das instalações de irrigação, à adoção de tecnologias modernas de produção vegetal e, sobretudo, às variedades de elevado rendimento utilizadas pela maioria dos produtores.

A produtividade do Estado é de 18,32 toneladas por hectare, o que é mais do que a produtividade nacional (15,87), podendo ser aumentada para 22,5 até ao final do plano quinquenal de 11th . A porcentagem de produtores de batata é maior nas médias e grandes fazendas é menor. A necessidade total de sementes do estado é de cerca de 11,20 milhões de toneladas por ano, mas apenas cerca de 0,4% das sementes estão a ser substituídas pelo departamento, o que é muito inadequado. Atualmente, o Estado dispõe de instalações de armazenagem frigorífica para cerca de 51% da população total, contra as necessidades de 60% da população total.

Na Índia, para evitar a escassez e impulsionar as exportações de batata, foram criadas zonas de agro-exportação (ZEA) nas regiões produtoras de batata do país. Estas zonas foram criadas em Punjab - Mohali, Uttar Pradesh - Agra e Farrukhabad, Bengala Ocidental - Hoogly e Madhya Pradesh - Indore. Estas são as cinco zonas de promoção da exportação de batata estabelecidas na Índia.

Farrukhabad é um dos principais distritos produtores de batata do país e está entre os 5 distritos abrangidos pela zona de exportação agrícola (AEZ) de batata. Normalmente, há duas colheitas de batata: uma precoce e outra oficial. O departamento adquire sementes de base de Kufri Bahar, K. Anand e Chipsona junto do Governo do Estado e fornece-as aos agricultores. No âmbito do programa de melhoramento da qualidade da AEZ, os agricultores são forçados a comprar no mercado livre. É necessário complementar o fornecimento de sementes de base de batata (Anónimo, 2009).

O distrito de Farrukhabad situa-se na região central do Uttar Pradesh. Há dois rios perenes, Ganga e Kali, que correm ao longo das fronteiras do distrito de Farrukhabad. A área total do distrito é de 2199,11 km2. A maioria da população é rural e o distrito tem 67 % da área cultivada.

Uma superfície líquida de 1 48 000 hectares é cultivada, dos quais quase metade (67 000 hectares) é semeada em mais de um hectare e mais de 93% das explorações têm menos de dois hectares.

Incluindo as estações de kharif, rabi e zaid, uma área total de 4 58 303 hectares é cultivada em várias culturas no distrito de Farrukhabad num ano. Com mais de 86 % da área cultivada a ser irrigada, a agricultura dirigiu-se para a realização de todo o seu potencial. O trigo, o arroz, a mostarda, o girassol, o milho, a cana-de-açúcar, o tabaco, os legumes e os frutos são outras culturas importantes. O distrito tem um grande número de armazéns frigoríficos com uma capacidade de 5, 26,005 MT. Os armazéns frigoríficos desempenham um papel importante na valorização da cultura da batata, no controlo da pós-colheita imediata / venda de emergência e na concessão de financiamento provisório aos agricultores.

O distrito foi abrangido pela "Missão Estatal de Horticultura" lançada em 2005, que faz parte da Missão Nacional de Horticultura (NHM) do Governo da Índia. A missão envolve a criação de viveiros, sementes de batata. A principal cultura do distrito é a batata, que tem sido cultivada ao longo dos anos sem qualquer rotação/diversificação. Devido ao padrão de monocultura, os solos desenvolveram deficiências em micronutrientes. Sempre que há uma produção abundante de batata no distrito, há um excesso no mercado e os preços caem para níveis muito baixos. Os preços oferecidos não são sequer suficientes para cobrir os custos de armazenamento e contribuem para a poluição ambiental.

Devido a calamidades naturais, *ou seja*, secas/inundações quase todos os anos, há erosão do solo em algumas áreas do distrito, o que também afectou a agricultura, reduzindo a área líquida semeada.

Para além disso, é necessário abordar os problemas relacionados com os recursos naturais, como a degradação dos solos e o esgotamento da água.

Apesar de todos os esforços envidados, a batata está a ser alvo de críticas devido à sua fraca rentabilidade.

Isto pode ser atribuído ao facto de o nível necessário de fornecimento às pessoas, por um lado, ser inferior ao seu valor quando comparado com as culturas predominantes na área, por outro lado. Assim, a tecnologia deve ser desenvolvida e os condicionalismos devem ser reduzidos com base nas várias categorias de agricultores. Por conseguinte, o presente estudo, intitulado "Um estudo sobre os conhecimentos e a adoção de práticas científicas de cultivo da batata entre os agricultores do bloco de Kayamganj, no distrito de Farrukhabad (U.P.)", foi realizado como um esforço para melhorar a produção. O resultado seria mais benéfico para os produtores de batata do Uttar Pradesh. Assim, o estudo foi realizado com base nos seguintes objectivos

1. Estudar o estatuto socioeconómico dos agricultores da zona de amostragem.

2. Estudar o grau de conhecimento do agricultor relativamente à cultura científica da batata.

3. Estudar o grau de adoção dos inquiridos selecionados relativamente à cultura científica da batata.

4. Estudar os constrangimentos enfrentados pelos agricultores na produção de batata e sugerir soluções para os ultrapassar.

Importância e justificação dos problemas:

1. Para que haja uma transformação socioeconómica na sociedade agrícola, é essencial compreender o contexto socioeconómico em que se trabalha para formular estratégias eficazes de extensão/comunicação e investigação para o desenvolvimento agrícola.

2. A utilidade de uma consciência tecnológica actualizada e de uma atitude científica para a adoção de tecnologias agrícolas inovadoras pela comunidade agrícola foi bem reconhecida pelo sistema de ensino de extensão. Por conseguinte, este estudo fornecerá o cenário atual do nível de sensibilização e das tecnologias de aplicação/adoção.

3. Este estudo é significativo porque foi realizado para avaliar o conhecimento e a extensão da adoção em relação à tecnologia de produção de batata, o que contribuirá muito para todos os produtores de batata e investigadores.

4. Este estudo será útil para os planificadores e para os extensionistas na formulação de estratégias de transferência de tecnologia para o sector agrícola, que necessita urgentemente de um estatuto social e económico sólido.

Uma revisão sistemática da literatura relevante constitui um aspeto integrante de qualquer projeto de investigação. Ajuda muito a definir o problema, a formular os objectivos científicos, a decidir a metodologia e a discutir os resultados do projeto em questão. Tendo em conta a natureza do presente estudo, é apresentada uma breve análise dos resultados da investigação disponível nos seguintes subcapítulos:

5. Estudos sobre o estatuto socioeconómico dos agricultores da zona de amostragem.

6. Estudos sobre o grau de conhecimento do agricultor relativamente à cultura científica da batata.

7. Estudos sobre o grau de adoção de inquiridos selecionados relativamente à cultura científica da batata.

8. Estudos sobre os constrangimentos enfrentados pelos agricultores na produção de batata e sugestões para os ultrapassar.

Perfil socioeconómico:

Segundo Boss *et al.* (2000), os restantes 30% resultaram de custos mais baixos, principalmente através de uma melhor utilização da mão de obra disponível. As diferenças entre o balanço combinado de nutrientes de ambas as explorações especializadas e o do sistema agrícola misto foram pequenas.

Kubrevi *et al.* (2008) verificaram que 46% dos produtores de batata e 40% dos não produtores de batata se encontravam no grupo etário dos 32-39 anos e acima dos 50 anos, respetivamente. No que respeita à educação, o número mais elevado de 28% dos produtores de batata de variedade melhorada tinha até ao ensino primário. Entre os não produtores, o maior número de 36% era analfabeto. A maioria dos produtores e não-produtores de batata dedicavam-se à agricultura. Cerca de 26 e 38% dos produtores e não-produtores de variedades melhoradas de batata tinham um rendimento anual entre Rs 20 000-30 000, sendo a maioria dos produtores e não-produtores de batata pequenos agricultores. Cerca de 90 e 84% dos produtores e não-produtores de variedades melhoradas de batata tinham uma família com mais de 5 membros. A maior parte dos inquiridos, 74% e 4% dos produtores e não-produtores de variedades melhoradas de batata, tinham um sistema conjunto. A maioria dos produtores e não produtores tinha um nível de vida médio. Verificou-se também que os produtores de batata tinham um estatuto socioeconómico mais elevado do que os não-produtores de batata.

Pandit, Arun. *et al.* (2010). O estudo também concluiu que a adoção de tecnologias foi um contributo importante para o aumento da produção de batata. Foi evidente a partir da análise de regressão que um aumento de um por cento na adoção de tecnologias de produção de batata aumentaria o rendimento da batata em 0,96 e 0,88% em áreas irrigadas e de sequeiro, respetivamente. Os principais constrangimentos enfrentados pelos produtores de batata das regiões irrigadas e de sequeiro foram a falta de quantidade suficiente de sementes saudáveis, a falta de mecanismo de previsão da praga tardia, a baixa eficiência do mancozeb contra a praga tardia, *etc.*

Barrera *et al.* (2010) mostram que esse sistema tem o maior potencial de produtividade da região e é viável de ser adotado porque aumenta a produção e a renda. Representa a melhor escolha, pois os produtores já possuem os ativos produtivos necessários e a mão de obra familiar, o que permite a sustentabilidade. Do ponto de vista ambiental, se o sistema for operado de forma adequada, com a implementação de tecnologias alternativas que não agridam o meio ambiente, poderá impedir o avanço da fronteira agrícola para áreas devolutas. Este sistema é uma opção que os governos locais devem promover para preservar o ecossistema da serra.

Ekwe *et al.* (2010) referiu que os jovens devem ser encorajados a participar efetivamente na cultura da batata, uma vez que a maioria dos agricultores está envelhecida e irá retirar-se da atividade agrícola. Isto é para garantir a segurança alimentar. Também deve ser criada uma estrutura eficaz para as facilidades de entrada e de crédito fornecidas pelo governo, o que garantirá que essas facilidades cheguem a quem precisa e, por sua vez, ajudará os agricultores a expandir a sua produção.

Zekri *et al.* (2010) indicaram que os agricultores com idades compreendidas entre os 25 e os 80 anos se dedicavam à atividade agrícola, com uma dimensão média familiar de 13 membros. Nenhum dos agricultores depende apenas e só do rendimento agrícola. Pelo contrário, a maioria deles dedica-se parcialmente à agricultura

Reichert *et al.* (2012) constataram que o hábito de cultivar, o trabalho familiar e a organização cooperativa são uma iniciativa comum nas duas localidades, embora utilizem sistemas de cultivo diferentes. Verificamos também que ambos os grupos enfrentam dificuldades tecnológicas, econômicas e ambientais, mas apoiados em processos de articulação social estão buscando alternativas para superá-las e proporcionando condições para o cultivo da batata.

Mukul *et al.* (2013) efectuaram uma aproximação do custo de produção e da rentabilidade dos produtores de batata no distrito de Rangpur. Os dados foram recolhidos junto de 30 agricultores, utilizando a técnica de amostragem aleatória simples. Os produtores de batata revelaram diferenças individuais nas suas caraterísticas socioeconómicas e a maioria absoluta pertencia a uma categoria etária jovem (20-35 anos), com uma família de dimensão média, analfabetos, uma exploração de dimensão média (0,34-1,0 acre) e experiência agrícola (1-10 anos).

Peer *et al.* (2014) revelaram que 31,5% dos inquiridos tinham adotado as práticas de irrigação recomendadas em 5-6 números e 49,3% adoptaram

A irrigação foi efectuada no momento certo, de acordo com as recomendações. Da mesma forma, cerca de um por cento aplicou o método de irrigação por sulcos. No caso de práticas interculturais como a sacha e a terra da batata, 41,33 e 58,4% dos inquiridos adoptaram estas práticas, respetivamente

Âmbito do conhecimento:

Argumedo, A. ePimbert, M . (2006). É discutido em pormenor o Registo do Património Biocultural Indígena das comunidades agrícolas de subsistência Quechua no Parque da Batata, uma área do Património Biocultural Indígena no Peru. O registo utiliza tecnologia informática, mas baseia-se inteiramente na ciência e na tecnologia andinas tradicionais (em especial os sistemas indígenas "yapana" e "khipu" de manutenção de registos), com leis consuetudinárias que regulam o acesso e a utilização tanto nas comunidades como por terceiros externos

Gurskiene, V. e akauskas, M. J. (2007) realizaram um estudo sobre as condições de cultivo dos agricultores da Lituânia Central. Com base nas taxas de produção vegetal de 1997-99, as explorações agrícolas podem ser classificadas em termos do lucro obtido na produção de culturas e batatas, culturas e beterraba sacarina, culturas e colza; e em termos da área dedicada à cultura. A relação de correlação definida mostrou a relação entre a produtividade das plantas agrícolas analisadas (culturas de inverno.

Mousavi, M .e Chizari, M .(2007). Os resultados indicaram que os conhecimentos técnicos dos inquiridos em matéria de comercialização são baixos, especialmente no que se refere à fixação de preços e à comercialização. As necessidades educativas mais importantes dos inquiridos eram as actividades de comercialização e de pré-colheita. As variáveis independentes, como a idade, a taxa de alfabetização, o rendimento, a experiência no cultivo da batata e a dimensão das explorações de batata não tiveram uma relação significativa com as necessidades educativas. De acordo com a opinião dos inquiridos, o melhor método de formação foi a reunião dos agentes nas explorações e a realização de cursos de formação.

Jethi. Renu (2008) constatou que a participação das mulheres agricultoras em diferentes operações de produção de batata era média. O estudo confirmou a elevada necessidade de formação em algumas áreas da produção de batata por parte das mulheres agricultoras.

Epeju, W. F. (2010) relatou que 91% dos agricultores expressaram atitudes positivas em relação ao cultivo de batatas, o que explicava o seu interesse pela agricultura.

Bagheri, A. et al (2011) revelaram que o conhecimento dos inquiridos sobre a sustentabilidade estava positivamente correlacionado com factores baseados no conhecimento, tais como o nível de sustentabilidade estava positivamente correlacionado com factores baseados no conhecimento, tais como o nível de educação, a participação em acções de extensão e o estudo de publicações agrícolas

Davoodi, H. e M aghsoudi, T. (2012). mostraram que o conhecimento e a atitude dos produtores de batata estão ambos a um nível moderado. A maioria dos inquiridos relatou um nível médio de sustentabilidade no seu sistema de cultivo. Além disso, existem correlações positivas e significativas entre a idade, a experiência agrícola, a filiação numa cooperativa, o tipo de sistema agrícola, o tipo de cultivo, o tamanho da propriedade, a terra afetada ao cultivo da batata, a produção total, a atitude, o nível de sustentabilidade e o conhecimento da agricultura sustentável. Os resultados de uma análise de regressão múltipla revelaram que a atitude em relação à agricultura sustentável, a experiência, a idade, a produção total de batata e o tipo de sistema agrícola poderiam explicar cerca de 47% da variação do conhecimento sobre a agricultura sustentável.

Extensão da adoção:

Singh *et al.* (2002) referiram que os agricultores preferiam tecnologias de baixo custo para a sua adoção no que respeita à irrigação, ao espaçamento da sementeira, à taxa de sementes e ao método de colheita. As principais áreas de necessidade de formação foram identificadas na proteção das plantas, gestão de estrume e fertilizantes.

Kuberi (2000) constatou que os problemas enfrentados pela maioria dos 58% dos não-cultores de batata (variedade local) eram o facto de a variedade melhorada de batata ser cara. As sugestões apresentadas pelos produtores de batata foram a disponibilidade de instalações de marketing adequadas, ajuda para relatar a produção, governo para fornecer ajuda técnica e reduzir a longa cadeia de intermediários.

Madhuprasad *et al.* (2002) obtiveram os custos mais elevados (5803 rupias/ha) e rendimentos brutos (70 108 rupias/ha). Amontoar os tubérculos em trincheiras à sombra e cobri-los com folhas de nim proporcionou a maior relação custo/benefício (1:44,5).

Barman *et al.* (2005) verificaram que havia uma relação positiva e significativa entre o rendimento e os valores do RAI. Isso implicava que um valor mais elevado de RAI resultante da adoção adequada de tecnologias de cultivo daria um maior rendimento da batata. Verificou-se também que as diferenças de rendimento esperadas eram muito próximas das diferenças de rendimento observadas, indicando uma margem limitada para aumentar o rendimento da batata com as tecnologias existentes.

Ramachandraet *al.* (2008) revelaram que a maioria dos agricultores tinha um nível médio de adoção destas práticas. A maioria dos agricultores adoptou cultivares melhoradas, o método de plantação e o método de aplicação de fertilizantes. Não foram adoptadas diferentes práticas, como a análise do solo, a aplicação de nutrientes secundários, micronutrientes e biofertilizantes.

Dakeet *al.* (2008) revelaram que, na área da produção de batata, nenhum agricultor adoptou práticas como a utilização de uma fonte fiável de sementes, a utilização de sementes de qualidade, o espaçamento, a monda, a ligação à terra e o corte do caule e alguns agricultores adoptaram o padrão de utilização de sementes recomendado, bem como o tamanho das sementes. No entanto, 74% dos agricultores adoptaram uma dose equilibrada de fertilizantes. No domínio da proteção das plantas, nenhum agricultor utilizou fungicida e inseticida para o controlo de doenças e insectos, respetivamente. Do mesmo modo, no domínio do manuseamento pós-colheita, verificou-se que alguns agricultores adoptam práticas como a secagem antes do armazenamento e a seleção de tubérculos podres/danificados após a colheita e que nenhum agricultor da zona de estudo procede ao armazenamento científico da batata após a colheita.

Bandra *et al.* (2008) revelam que 30, 52 e 18% dos cultivadores de batata estavam a praticar um bom, médio e mau nível de práticas de conservação do solo, respetivamente. Um bom nível de práticas de conservação do solo aumentou a produção e o rendimento da batata dos agricultores. O custo do cultivo afectou inversamente as práticas de conservação do solo adoptadas pelos produtores de batata. A probabilidade de adotar um bom nível de conservação do solo foi afetada positiva e significativamente pela educação e pela dimensão da terra. Cerca de 60% dos produtores de batata têm uma atitude positiva em relação à importância de melhorar a conservação do solo. A propriedade da terra é um fator crucial para isso. Recomenda-se a formação adequada, a extensão e um subsídio eficaz para a conservação do solo, a fim de melhorar a conservação do solo para o cultivo sustentável da batata.

Muttalebet *al.* (2009) constataram que o nível de adoção de variedades modernas, sementes de qualidade, espaçamento recomendado, ligação à terra recomendada e época de plantação óptima era quase médio. A adoção da irrigação recomendada e do tamanho das sementes foi elevada e baixa, respetivamente. A adoção global de tecnologias melhoradas foi média.

Badodiyaet *al.* (2009) verificaram que 54,29%. A diferença entre as várias tecnologias variou de 42,22 a 69,30%.

Ramachandra *et al.* (2009) concluíram que a educação, a propriedade fundiária, a orientação para o crédito, a exposição aos meios de comunicação social, o contacto com a extensão, a participação na extensão, a propensão para a inovação e a fonte de informação consultada tinham uma relação significativa com o nível de adoção de práticas de gestão de nutrientes na batata pelos agricultores.

Namwata *et al.* (2010) indicam que uma série de tecnologias agrícolas melhoradas (oito tecnologias) foram disseminadas na área pelos agentes de extensão. A extensão da adoção entre os agricultores variou com o tipo de tecnologia. A taxa de sementeira, a sementeira atempada e a aplicação de fungicida foram as tecnologias mais adoptadas. Cada uma destas tecnologias foi adoptada por pelo menos 80% dos agregados familiares inquiridos. As variedades melhoradas e a aplicação de pesticidas foram utilizadas por 58% e 51% dos agregados familiares inquiridos, respetivamente, sendo, portanto, tecnologias moderadamente adoptadas.

Khali *et al.* (2013) revelaram que a maior proporção (68,4%) dos produtores de batata pertencia à categoria de alta adoção; enquanto 6,5% caem na categoria de adoção média e 25,1% na categoria de baixa adoção das variedades de batata recomendadas pela BARI. A extensão da adoção das variedades de batata recomendadas pela BARI foi encontrada mais ou menos igual em três áreas de estudo diferentes, onde a maior parte (72,6%) dos produtores de batata estava na categoria de alta adoção em MunshiganjSadar, seguida por 68,4% em Shibganj e 67,5% em Pirgachha.

Peer *et al.* (2014) revelaram que 31,5% dos inquiridos tinham adotado as práticas de irrigação recomendadas em 5-6 números e 49,3% tinham adotado o momento certo de irrigação de acordo com a recomendação. Do mesmo modo, cerca de um por cento aplicou o método de irrigação por sulcos. No caso de práticas interculturais como a sacha e a terra da batata, 41,33 e 58,4% dos inquiridos adoptaram estas práticas, respetivamente.

Restrições:

Singh Rachana. *et al.* (2005) A fertilização de precisão (PF) aumentou a eficiência da utilização de fertilizantes em 109% em relação à fertilização recomendada (RF), sem afetar significativamente a produção de tubérculos. A FP reduziu a necessidade média de fertilizante em 50% e aumentou os retornos líquidos em 5% e a relação benefício:custo em 3,3% em comparação com a RF.

Divis, J. e Zlatohlavkova, S. (2004) Não foi provado um efeito positivo dos métodos agrícolas ecológicos aplicados no teor de solanina. O teor de vitamina C foi mais afetado pela variedade e pelos anos do que pelos métodos de cultivo.

Joudu *et al.* (2001) mostra que Ando e R872-92N foram mais resistentes ao míldio (*Phytophthorainfestans*) do que os outros genótipos.

Carvalho *et al.*(2013) observaram que o uso do Kc recomendado pela FAO pode superestimar a quantidade de água de irrigação em 9%, durante a mesma estação de crescimento.

Niemczyk, H. (2011) resultou num menor peso de tubérculos por planta e, consequentemente, numa redução do rendimento por 1 m de linha. Quanto maior for a largura de trabalho de um pulverizador, menor será a perda de rendimento calculada numa área cultivada com batatas com linhas de condução.

Hagman, J. (2012). As cultivares Matilda, Cicero, Ovatio e Superb pareceram responder mais positivamente em termos de rendimento aos tratamentos de RP do que a cv. Ditta. O novo método para estimular a formação de raízes adventícias desenvolvido aqui ajudará substancialmente os produtores a obter colheitas mais precoces.

Rossi *et al.* (2011). O clone IAC 6090 e as cultivares Aracy e AracyRuiva apresentaram os maiores teores de matéria seca, com média de 22,91%. As cultivares 'APTA 16.5', 'Apua', 'Aracy', 'AracyRuiva', 'Eden', 'Ibituacu' e 'Monte Alegre 172' apresentaram alto nível de tolerância de campo à requeima. Os genótipos de batata Itararé, Apua e Cupido são, portanto, adaptados à agricultura orgânica, e os clones avançados APTA 16.5, APTA 21.54 e IAC 6090 têm potencial para cultivo no sistema orgânico.

Turka, I. e Bimsteine, G. (2011) mostraram o fenómeno de que, em condições agroclimáticas e de solo idênticas, algumas variedades eram mais atraentes para os danos do verme do arame do que outras

Kowalska, J. e Kuhne, S. (2010). Foram encontrados muitos insectos benéficos nos tratamentos com spinosad 25 dias após a pulverização, enquanto que no controlo não tratado apenas apareceu uma pequena quantidade dos referidos insectos. A razão foi a perda de folhagem causada pela alimentação das larvas da CPB no controlo não tratado, que destruiu o habitat vivo dos afídeos e dos seus predadores.

Sugestão:

Nowacki, W. (2007) indica que, regra geral, a percentagem do rendimento comercializável no rendimento total da agricultura biológica é inferior à dos sistemas integrados.

M aggio et al. (2008) indicam que os determinantes genéticos específicos da cultivar e os factores de cultivo, incluindo o sistema de cultivo, podem interagir de forma forte e específica para afetar parâmetros de qualidade importantes dos tubérculos de batata. Este facto deve ser tido em conta para melhorar as normas de qualidade na agricultura biológica.

Wiboonpongse *et al.* (2008) ilustra a mudança significativa na prática dos agricultores, que passaram de contratados a não contratados. Isto encorajou os produtores de batata a negociar um melhor acordo e a aceder ao apoio do sector público.

Wulf, B. (2011). a aplicação de etileno é um método eficaz para a inibição de rebentos de batata na agricultura biológica. No entanto, as flutuações de temperatura no armazém devem ser evitadas porque o efeito antimicrobiano do etileno pela condensação resultante pode ser reduzido.

Slawinski, K. (2011) resultado de estudos sobre o consumo de energia no cultivo de batatas comestíveis em agricultura biológica.

Islam, M . R. e Nahar, B. S. (2012) referiram que a absorção de cálcio era mais elevada no estrume de vaca em ambos os casos de tubérculos e que os teores de proteinas e amido eram influenciados pela agricultura biológica.

Slawinski *et al.* (2012), a eficácia das tecnologias no sistema orgânico não deve ser limitada a uma única cultura, mas considerada em todo o processo de produção.

Singh *et al.* (2012) efectuaram um ensaio para avaliar a produtividade de *SolanumtuberosumL.* cultivada através de agricultura convencional e do método de micropropagação. Foram avaliadas a taxa de sobrevivência, a biomassa e a produção de tubérculos de batatas micropropagadas e propagadas por tubérculos.

Skrabule *et al.* (2013) sugeriram que a criação de novas variedades de batata com melhor qualidade nutricional pode ser lançada, e que as variedades que serão desenvolvidas podem ser produzidas de uma forma amiga do ambiente.

Azarpour *et al.* (2013) neste estudo foi calculado 3,48, mostrando o uso afetivo de energia na produção de batata nos agro ecossistemas. A eficiência do balanço energético (rácio entre a energia de produção e a energia de consumo) para a produção de batata em cultura regada neste estudo foi calculada em 2,58, mostrando a utilização efectiva de energia na produção de batata em agro-ecossistemas.

Ierna, A. e Parisi, B. (2014) indicam que a cultura biológica de batata "precoce" pode ter um desempenho agronómico aceitável. São ainda necessários mais estudos para avaliar o comportamento de outros genótipos adaptados à cultura da batata "precoce", uma vez que a seleção de cultivares adequadas é um dos aspectos fundamentais para otimizar este sistema de produção amigo do ambiente.

Tein *et al.* (2014) mostra que o recebimento de 150 kg N ha-1 diminuiu significativamente as concentrações médias de C, K e Mg no solo. As concentrações médias de Ca disponível para as plantas antes e depois do cultivo da batata não apresentaram diferenças estatisticamente significativas entre os sistemas.

Capítulo 3: METODOLOGIA DE INVESTIGAÇÃO

O principal objetivo deste capítulo é tratar dos vários métodos e procedimentos utilizados na seleção da área, do local de estudo, dos planos de amostragem e dos procedimentos de recolha de dados, das diferentes variáveis em estudo, das suas medidas empíricas e dos métodos estatísticos utilizados para a análise dos dados:

3.1 Local do estudo

3.2 Planos de amostragem e seleção dos inquiridos

3.3 Seleção de variáveis e respectivas medidas empíricas

3.4 Procedimento de recolha de dados

3.5 Métodos estatísticos utilizados

3.1: Local do estudo:

3.1.1 Seleção do distrito:

De acordo com o problema de investigação, o estudo foi confinado ao distrito de Farrukhabad porque tem uma área elevada de cultivo de batata, em particular de batata. Por isso, foi selecionado propositadamente. Outra causa para a sua seleção foi a familiaridade próxima do investigador com a área, as pessoas, os funcionários, etc. O distrito de Farrukhabad está situado na zona de planície ocidental de Uttar Pradesh. É considerada a zona mais adequada para o cultivo da batata no estado, em termos climáticos.

3.1.1.1 Informações sobre o distrito de Farrukhabad:

Quadro 3.1. Informações sobre o distrito de Farrukhabad

S. Não.	Dados	Números
1.	Gram Panchayats	512
2.	Panchayats de Nyay	**87**
3.	Paragem de autocarro	95
4.	Estação ferroviária	19

5.	População total	1570000
a.	População rural	178477
b.	População urbana	3,41,544
c.	População masculina	13,48,252
d.	População feminina	2,30,232
6.	Centro de saúde primário (governamental)	28
7.	Escola primária de base	1829
8.	Escola secundária júnior	879
9.	Escolas secundárias e institutos superiores intermédios	201
10.	Escolas superiores	19
11.	Universidades	00
12.	Área geográfica total (ha.)	2,28,830
a.	Área cultivada (ha.)	1,77,800
b.	Área irrigada (ha.)	1,37,800
c.	Superfície não irrigada (ha.)	49,512
13.	Comprimento do canal (km.)	1,225
14.	Percentagem total de literacia	53
a.	Percentagem de alfabetização masculina	68
b.	Percentagem de alfabetização feminina	58
15.	Poço tubular do governo	285
16.	Poços de tubos pessoais e conjuntos de bombas	33,701
17.	Hospitais veterinários	18
18.	Centros de inseminação artificial	27

Fonte: Relatório estatístico, 2011-12 Distrito de **Farrukhabad**.

O distrito de Farrukhabad está situado na parte ocidental da Índia, em Uttar Pradesh, na margem do rio Ganga. O distrito de Farrukabad está situado a $27,43^0$ N de latitude e $80,2^0$ E de longitude. O distrito de Farrukhbad está situado a $27,43^0$ N de latitude e $80,2^0$ E de longitude. A sua área geográfica total é de 2181 quilómetros quadrados. A densidade populacional é de 680 quilómetros. Tem três Tahsil, nomeadamente Farrukhabad, Kayamganj e Amritpur, e sete blocos de desenvolvimento comunitário, nomeadamente Kayamganj, Barahpur, Kamalganj, Mohammadabad, Nawabganj, Rajepur e Samsabad.

3.1.2 Seleção do bloco:

Dos sete blocos de desenvolvimento comunitário no distrito de Farrukhabad, o bloco de Kayamganj foi selecionado propositadamente para este estudo devido ao critério de estar mais perto da casa do investigador e ser de fácil acesso.

O bloco de desenvolvimento comunitário foi criado no ano de 1969 e dividido em seis círculos de oficiais de desenvolvimento de aldeias para uma ação eficaz. implementação de programas de desenvolvimento. Este bloco é constituído por 12 Nyay Panchayat, 76 gram panchayat e 150 aldeias, cobrindo uma área de 2522 quilómetros quadrados. A população total do bloco, de acordo com o censo de 2011, era de 155532, dos quais 80430 eram homens e 75102 mulheres. Do ponto de vista da literacia, 64% eram homens e 34% mulheres.

3.1.2.1 Localização:

O bloco Kayamganj está localizado na parte sudeste do distrito de Farrukhbad, situado a 27,57° de latitude N e 79,350 de longitude E e a uma altitude de 144 m^{-2} acima do nível médio do mar. A sede do bloco situa-se a uma distância de 35 km da cidade de Farrukhbad.

3.1.2.2 Topografia:

A área do bloco é bem nivelada, exceto alguns pacotes baixos que não dispõem de instalações de drenagem. Isto torna o padrão de cultivo da kharif bastante precário.

3.1.2.3 Solo:

O solo desta zona é maioritariamente de natureza franco-arenosa. Os solos encontrados em todo o bloco são principalmente de 4 tipos:

1. Solo franco-arenoso.   **2.** Solo franco-argiloso.

3. Solo franco-argiloso.   **4.** Solo argiloso.

3.1.2.4 Condições climáticas:

Esta região situa-se na parte sub-húmida e subtropical de U.P., onde o verão é moderado a muito quente e seco e o inverno é suficientemente frio. O quadro seguinte mostra a temperatura (^{0} C) e a precipitação (mm) dos diferentes meses registados no ano agrícola atual, 2011-12.

Quadro 3.2: A temperatura (^{0} C) e a precipitação do bloco de Kayamganj, ano agrícola 2011-2012

S. Não.	Mês	Temperatura (0C)		Precipitação (mm.)
		Mínimo	**Máximo**	
1.	julho	26.5	32.7	204.3
2.	agosto	26.2	32.6	236.2
3.	setembro	24.9	32.1	158.3
4.	outubro	20.6	32.0	31.7
5.	novembro	14.7	23.3	1.2
6.	dezembro	6.8	24.5	0.00
7.	janeiro	4.6	19.5	1.3
8.	fevereiro	8.6	25.3	8.9
9.	março	12.8	31.9	5.1
10.	abril	18.2	37.3	0.0
11.	maio	24.4	38.5	31.4
12.	junho	26.2	35.2	233.8

Fonte: Tahsil, 2012-13, Farrukhabad

Tabela-3.3: Os pormenores do padrão de utilização do solo são os seguintes

S. Não.	Padrão de utilização das terras	Área (ha)
1.	Área geográfica total (quilómetros quadrados)	34227
2.	Área cultivada (ha.)	21455
(a)	Área irrigada (ha.)	18457
(b)	Superfície não irrigada (ha.)	1502
3.	Área não cultivada (ha.)	1602
(a)	Área de floresta (ha.)	548
(b)	Superfície sob postura permanente (ha.)	723
(c)	Superfície de terras de uso	1198
(d)	Área sob lagoas, canais, lençóis de água (ha.)	2602
(e)	Área cultivada (ha.)	4602

Fonte: Bloco C.D. Kayamganj, 2012-13, Farrukhabad

Quadro 3.4: Distribuição dos agricultores de acordo com a dimensão da propriedade fundiária no bloco de Kayamganj:

S. Não.	Área (ha.)	Número de agricultores	Área sob posse (ha.)
1.	Marginal (inferior a 1 ha)	22090	10242
2.	Pequena (1,0 a 2,0 ha.)	2465	3680
3.	Médio (2,0 a 3,0 ha.)	1063	2825
4.	Grandes (mais de 3,0 ha.)	1063	1903

Fonte: Bloco C.D. Kayamganj, 2012-13, Farrukhabad

3.1.2.5 Fontes de irrigação:

As fontes de irrigação disponíveis no bloco são canais, poços, poços tubulares, conjuntos de bombagem a diesel, poços tubulares eléctricos do Governo, etc. De todas estas fontes, é irrigada uma área de mais de 18457,00 ha. Os pormenores são os seguintes:

Quadro-3.5: Fontes de irrigação do bloco Kayamganj, Farrukhbad

S. Não.	Fonte de irrigação	Número	Área coberta (ha.)
1.	Poços	575	-
3.	Conjunto de bombagem diesel	1500	8000
4.	Poço de tubos pessoais	529	7057
5.	Poço tubular do Governo	48	-
6.	Rio	1	-
7.	Canal	1 (32 k.m)	3400
8.	Lagos	2	-
9.	Lagoas	10	-

Fonte: Bloco C.D. Kayamganj, 2012-13, Farrukhabad

Tabela-3.6: Lista dos estabelecimentos de ensino no bloco de Kayamganj.

S. Não.	Instituto	Número
1.	Escola primária	90
2.	Escola secundária júnior	60
3.	Ensino secundário	11
4.	Colégio intermédio	08
5.	Licenciatura	01

Fonte: Bloco C.D. Kayamganj, 2012-13, Farrukhabad

Quadro 3.7: Agências existentes que funcionam a nível de bloco:

S. Não.	Agências	Número
1.	Banco nacionalizado	6
2.	Banco Kshetriya Gramin	5
3.	Sociedade Cooperativa	7
4.	Armazém de sementes (Gov.)	1
5.	Hospital veterinário	1

6.	Centros de Inseminação Artificial	2
7.	Centros de saúde primários	1
8.	Sub-centro de assistência à família e à maternidade	1
9.	Armazéns públicos de fertilizantes	5
10.	Lojas privadas de fertilizantes (privadas)	NA
11.	Centro de assistência à família e à maternidade	1

Fonte: Bloco C.D. Kayamganj, 2012-13, Farrukhabad

3.1.3 Seleção das aldeias da amostra:

Para selecionar as aldeias da amostra, foi obtida uma lista de todas as aldeias dos quarteirões selecionados, *ou seja*, Kayamganj, junto do quartel-general. O número de aldeias era de 150, das quais foram selecionadas 5 aldeias com base na maioria dos produtores de batata. As cinco aldeias selecionadas foram: (i) Sikandarpur khash (ii) Bilsadi (iii) Kuwarpur (iv) Purauri (v) Hotepur.

Tabela-3.8: Informações gerais sobre as aldeias selecionadas em estudo:

S. Não.	Informações gerais	Aldeias selecionadas para o estudo em causa				
		Sikandarpur khash	Bilsadi	Kuwarpur	Purauri	Hotepur
		1	2	3	4	5
1.	Grama Panchayat	Sikandarpur khash	Bilsadi	Kuwarpur	Purauri	Hotepur
2.	Correios	Sikandarpur khash	Bilsadi	Kuwarpur	Sikandarpur khash	Nizamudinpur
3.	Bloco	Kayamganj	Kayamganj	Kayamganj	Kayamganj	Kayamganj

| 4. | Tehsil | Farrukhabad | Farrukhabad | Farrukhabad | Farrukhabad | Farrukhabad |

A informação geral sobre as aldeias selecionadas, no que diz respeito à localização e

à população, é apresentada no quadro seguinte.

Quadro 3.9: Localização e situação das aldeias selecionadas:

S. Não.	Local	Aldeias selecionadas para o estudo em causa				
		Sikandarpur khash	Bilsadi	Kuwarpur	Purauri	Hotepur
1.	Distrito H.Q.	40	48	41	42	43
2.	Bloco e B.D.O. H.Q.	8	15	9	16	17
3.	Paragem de autocarro	8	5	9	10	13
4.	Sociedades cooperativas	3	5	3	5	4
5.	Gram Panchayat	0	0	0	2	0
6.	Escola primária	0	0	0	0	0
7.	Ensino médio	0	0	0	6	4
10.	Colégio Inter	2	5	8	3	4
11.	Estação ferroviária	3	3	5	2	2
12.	Hospital	0	0	0	2	0
13.	Correios	0	0	0	2	0

Fonte: Bloco C.D. Kayamganj, 2012-13, Farrukhabad

Tabela-3.10: População das aldeias selecionadas.

S. Não.	Aldeia selecionada	População total	Masculino	% de idade	Feminino	% de idade
1.	Sikandarpur khash	1409	814	57.7	595	42.3
2.	Bilsadi	501	285	56.8	216	43.2
3.	Kuwarpur	976	557	57.1	419	42.9
4.	Purauri	1161	653	56.3	508	43.7

| 5. | Hotepur | 729 | 394 | 54.1 | 334 | 45.9 |

3.3: Seleção de variáveis e respectivas medidas empíricas.

As variáveis foram selecionadas de acordo com os objectivos do estudo. As variáveis selecionadas foram categorizadas em variáveis independentes e dependentes. As variáveis e as suas medidas são apresentadas abaixo em forma de tabela:

Tabela-3.12: Variáveis e respectivas medidas empíricas

S. Não.	Variáveis	Medidas
A.	**Variáveis independentes**	
1.	Idade	Classe de idade cronológica desenvolvida
2.	Educação	Escala do estatuto socioeconómico (rural) desenvolvida por Trivedi e Pareek (1964) com as modificações adequadas.
3.	Casta	fazer
4.	Tipo de família	fazer
5.	Tamanho da família	fazer
6.	Padrão de habitação	fazer
7.	Exploração de terras	fazer
8.	Ocupação	fazer
9.	Participação social	fazer
10.	Posse de material	Fazer
11.	Contacto com fontes de informação	Escala desenvolvida por Mishra, B. e V. Prakash (2001)
12.	Rendimento anual	Índice desenvolvido e utilizado
13.	Motivação económica	Escala utilizada tal como desenvolvida por Supe (1969) com as modificações adequadas
14.	Orientação científica	fazer
15.	Orientação para o risco	fazer
B.	**Variáveis dependentes**	
1.	Conhecimento	Índice desenvolvido e utilizado
2.	Adoção	fazer
C.	**Restrições**	fazer
D.	**Sugestões**	fazer

3.3.1 Idade:

Idade cronológica em anos completos, com base na idade real dos inquiridos.

As categorias de idade foram estabelecidas de acordo com a média e o desvio-padrão

devidamente calculados para o efeito. Foram elas: jovem (média-DS), médio (média ±
DP) e idoso (média + DP).

3.3.2 Educação:

As habilitações literárias dos inquiridos foram avaliadas com base no nível de
educação formal alcançado e no número de anos que os inquiridos passaram nessa
educação. Os inquiridos foram agrupados em oito categorias: analfabeto, sabe assinar,
sabe ler e escrever, primário, médio, secundário, intermédio, licenciado e pós-
graduado.

As pontuações foram atribuídas a vários níveis de educação como analfabeto
(0), sabe assinar (1), sabe ler e escrever (2), primário (3), médio (4), secundário (5),
intermédio (6), graduado (7) e pós-graduado (8).

3.3.3 Casta: Casta

dos inquiridos foram classificados em três categorias, de acordo com as normas
governamentais, a *saber*

a. Casta geral:

Esta categoria diz respeito aos Kshatriya, Vaishya e Kaystha, etc.

b. Outras castas atrasadas:

Inclui Yadav, Kurmi, Maurya, Kahar, Lohar e Barber, etc.

c. Casta registada:

Esta categoria diz respeito aos Kori, Chamar, Pasi, Washerman, etc.
para o estudo efectuado.

As pontuações foram atribuídas a várias categorias de castas como a casta
classificada (1), outra casta atrasada (2) e a casta geral (3).

3.3.4: Tipo de família:

i. Solteiro / Nuclear: A família nuclear é constituída por marido, mulher e filhos.

ii. Conjunta: A família conjunta é constituída por mais do que uma família nuclear que inclui avós, tios, tias e primos

As pontuações foram atribuídas 1 para solteiros e 2 para famílias conjuntas, respetivamente.

3.3.5 Dimensão da família:

De acordo com a dimensão da família, as categorias foram enquadradas da seguinte forma

(i) Média - DP, (ii) Média ± DP e (iii) Média + DP .

3.3.6 Dimensão da exploração fundiária:

A propriedade fundiária efectiva em hectares foi registada de acordo com as informações fornecidas pelos inquiridos, tendo sido estabelecida uma categoria em conformidade.

3.3.7 Profissão:

A ocupação das famílias dos inquiridos foi calculada com base nas empresas que contribuem com mais de 50 por cento do rendimento total como ocupação principal e abaixo disso como ocupação subsidiária. A ocupação das famílias dos inquiridos foi dividida nas seguintes categorias e as pontuações atribuídas foram indicadas entre parênteses: trabalho agrícola (1), ocupação baseada na casta (2), serviços (3), agricultura (4), negócios (5), empresas de base agrícola (6) e ocupação subsidiária, tendo sido utilizado o mesmo padrão.

3.3.8 Padrão de habitação:

Para descobrir o padrão de habitação dos inquiridos, foram categorizados quatro tipos de casas, a saber

(i)   Hut   (ii) Kachcha

(iii) Mista   (iv) Pucca

As pontuações atribuídas às casas de cabana, kachcha, mista e pucca foram 1, 2, 3 e 4, respetivamente.

3.3.8 Rendimento anual da família:

O rendimento familiar anual dos inquiridos foi calculado em valor monetário com uma unidade de rupias, tendo em conta todas as fontes de rendimento. Foram formadas cinco categorias de rendimento familiar anual dos inquiridos com base no mínimo de Rs. Máximo de Rs. 7500000 e mínimo de Rs. 20000 com um intervalo de Rs. 45000. Assim, as categorias foram (1) abaixo de 45.000 (2) 45001-90.000 (3) 90001-1,35.000 (4) 1.80.001 e acima.

3.3.10: Posse de materiais:

A. Materiais agrícolas:

(i) Potência agrícola:

Os materiais eléctricos agrícolas incluídos no estudo, com as respectivas pontuações entre parêntesis, foram o boi (1), o trator (2), o motocultivador (3), o conjunto de bombagem (4) e o motor elétrico (5), respetivamente.

(ii) Implementos agrícolas:

As pontuações atribuídas a vários materiais agrícolas pelos inquiridos foram, ceifeira, charrua deshi, pata, pá, cortador de palha, kudal (1), charrua de disco, semeador, cultivador, debulhador (2) e, ceifeira-debulhadora, rotavator e lavoura zero (3), respetivamente.

B. Posse de materiais domésticos:

As pontuações foram atribuídas a vários materiais domésticos, nomeadamente, relógio, cadeira, panela de pressão, prensa eléctrica, aquecedor, botija de gás, fogão, ventoinha, refrigerador elétrico, mesa de jantar, toucador, máquina de costura, berço, chulha sem fumo, (1), cama de casal e (2), respetivamente.

C. Materiais de transporte:

As pontuações foram atribuídas a vários meios de transporte, como bicicleta, carro de bois e Tanga (1), scooter, motociclo, trator e carrinho (3), jipe, carro (5) e autocarro, camião (6), respetivamente.

D. Posse de meios de comunicação:

As pontuações foram atribuídas a várias fontes de comunicação, como a rádio (1), jornais, livros de agricultura, revistas de agricultura, jornais de agricultura, revistas gerais (2), e V.C.D., leitor de D.V.D., televisão, telefone, telemóvel, videoconferência e computador com Internet (3). Os números entre parênteses indicam as pontuações atribuídas às fontes de comunicação, respetivamente.

3.3.11 Participação social:

No que diz respeito à participação social dos inquiridos, foram definidas várias categorias: membro de uma organização, membro de duas organizações e membro de mais de duas organizações ou titular de cargo.

A participação social dos inquiridos foi calculada atribuindo uma (1) pontuação para a filiação numa organização, (2) pontuação para a filiação em duas organizações e (3) pontuação para a filiação em três ou mais organizações/funcionários. Para a categoria sem participação, foi atribuída a pontuação zero.

3.3.12 Grau de contacto com as fontes de informação:

Para estudar o padrão de utilização das fontes de informação (ISUP), foram incluídos os padrões de disponibilidade e de contacto. No que diz respeito ao contacto dos inquiridos com cada fonte de informação, cada fonte foi medida numa escala contínua de 8 pontos (nunca, anualmente, semestralmente, trimestralmente, mensalmente, quinzenalmente, semanalmente e diariamente) e foram-lhes atribuídas pontuações de 0, 1, 2, 3, 4, 5, 6 e 7, respetivamente. Para efeitos de interpretação, foi-lhes atribuída uma ordem de classificação.

3.3.13 Motivação económica:

A escala desenvolvida por Supe (1969) foi utilizada para medir a motivação económica com algumas alterações. Havia seis afirmações na motivação económica, com cinco pontos contínuos: concordo totalmente, concordo, indeciso, discordo e discordo totalmente. As pontuações atribuídas aos pontos foram 5, 4, 3, 2 e 1, respetivamente. Com base nas pontuações, os inquiridos foram agrupados em três categorias com base na (i) média-S.D. (baixa), (ii) média ± S.D. (média) e (iii) média + S.D. (alta), respetivamente.

3.3.14 Orientação científica:

A escala desenvolvida por Supe (1969) foi utilizada para medir a orientação científica, consistindo em seis afirmações com algumas modificações, todas elas positivas. A escala foi administrada numa escala de cinco pontos, *nomeadamente*, concordo totalmente, concordo, indeciso, discordo e discordo totalmente. As pontuações foram atribuídas como 5, 4, 3, 2 e 1, respetivamente, para todas as afirmações. Os inquiridos foram classificados em três categorias: baixo, médio e elevado. Com base no total das pontuações obtidas, os inquiridos foram classificados em três categorias: baixo, médio e elevado. Com base nas pontuações totais obtidas, os inquiridos seguiram o procedimento de (i) média - S.D. (baixo), (ii) média ± S.D. (médio) e (iii) média + S.D. (elevado).

3.3.15 Orientação para o risco:

A escala desenvolvida por Supe (1969) foi utilizada para medir a orientação para o risco, consistindo em seis afirmações com modificações, cinco das quais eram positivas e uma era negativa. A escala foi administrada numa escala de cinco pontos, *nomeadamente*, concordo totalmente, concordo, indeciso, discordo e discordo totalmente. As pontuações foram atribuídas como 5, 4, 3, 2 e 1, respetivamente, para todas as afirmações positivas e 1, 2, 3, 4 e 5, respetivamente, para as afirmações negativas. Os inquiridos foram classificados em três categorias: baixo, médio e elevado, com base na média-SD (baixo), média ± SD (médio) e média + SD (elevado), respetivamente.

3.3.16 Grau de conhecimento sobre a tecnologia de produção de batata:

A modificação do teste de conhecimentos existente foi efectuada em relação aos itens relativos à cultura do arroz. Todas as perguntas do teste de conhecimentos foram dicotomizadas em "sim/não" ou "correto/incorreto"; se a resposta fosse "sim" ou "correto", era atribuída uma pontuação de um (1) e se a resposta fosse "não" ou incorrecta, era atribuída uma pontuação de zero (o).

O estudo foi realizado sobre o conhecimento e a adoção de práticas científicas de cultivo da batata entre os agricultores.

A gama de pontuações obtidas pelos inquiridos pode variar entre baixa, média e alta no teste de conhecimentos, o que indica o nível de conhecimentos dos inquiridos. O teste foi classificado em três categorias: (I) Média - S.D. (II) Média ± S.D. (III) Média ± S.D., respetivamente.

3.3.16 Grau de adoção da tecnologia de produção de batata:

A adoção das tecnologias de produção recomendadas para a cultura da batata foi medida através do índice de intensidade de adoção. Este procedimento foi seguido para doze (12) práticas selecionadas em estudo, a saber, (1).

Foi considerado para o estudo da extensão da adoção de novas tecnologias agrícolas. A adoção de práticas agrícolas por um agricultor individual é, no entanto, um tema objeto de numerosos estudos. Singh (1969) enumerou uma série de estudos que fornecem medidas de adoção quase exclusivamente dos Estados Unidos.

O grau de adoção da tecnologia melhorada de produção de batata foi trabalhado para cada inquirido em todas as práticas. Este procedimento foi aplicado a todos os 100 inquiridos para obter o grau de adoção individual com base no índice de intensidade de adoção.

3.3.17 Restrições:

A resposta dos inquiridos foi assegurada com referência aos constrangimentos e a percentagem foi calculada para apurar os factos. A classificação dos constrangimentos foi efectuada com base no valor percentual, por ordem decrescente, com base no valor mais elevado, comparativamente. A escala foi administrada numa escala contínua de cinco pontos: muito, muito, indeciso, pouco e nada. Os valores de segurança atribuídos foram 4, 3, 2, 1 e 0 para todas as afirmações.

3.3.18 Medidas de correção:

As medidas sugestivas foram registadas de acordo com a perceção dos inquiridos no momento do inquérito e a distribuição de frequências foi feita em conformidade.

3.4 Procedimento de recolha de dados

Foi concebido um calendário estruturado para a recolha de dados, que foi testado através de entrevistas a alguns inquiridos para efeitos de pré-teste. Em seguida, foram efectuadas as alterações adequadas de acordo com as necessidades deste estudo. Posteriormente, os dados foram recolhidos junto dos inquiridos, através do método de entrevista pessoal.

3.5 Métodos estatísticos utilizados:

A percentagem e a média foram utilizadas para fazer uma interpretação simples.

3.5.1 Percentagem:

A frequência de uma determinada célula foi dividida pelo número total de inquiridos ou (MPS) nessa categoria específica e multiplicada por 100 para calcular a percentagem.

3.5.2 Média (X):

A média (X) foi calculada somando as pontuações totais obtidas pelos inquiridos e dividindo-a pelo número total de inquiridos, utilizando a seguinte fórmula

$$(\overline{X}) = \frac{\sum x}{N}$$

Onde,

$(\overline{X})$ = Média ou mediana

$\sum x$ = Número total de pontuações obtidas pelos inquiridos

N = Número total de inquiridos

3.5.3 Desvio-padrão:

S.D. é a raiz quadrada da média dos quadrados de todos os desvios, sendo as direcções medidas a partir da média aritmética da distribuição. É normalmente desenvolvido pelo símbolo sigma (σ).

$$S.D.(\sigma) = \sum \frac{d^2}{n}$$

Onde,

    σ = Desvio padrão

d   = Desvio da média das variáveis

n   = Número total de itens

3.5.4 Coeficiente de correlação (r):

O coeficiente de correlação simples (r) é uma medida da relação mútua entre duas variáveis, *ou seja*, x e y, em que a relação é medida e normalmente designada por coeficiente de correlação do movimento do produto e é calculada pela seguinte fórmula

$$r = \frac{\sum (x_i - \overline{X})(y_i - \overline{Y})}{\sum (x_i - \overline{X})(y_i - \overline{Y})}$$

Onde,

r = coeficiente de correlação

$x_i = i^{th}$ valor das variáveis x

$\overline{X}$ = média de x

$Y_i = i^{th}$ valor das variáveis y

$\overline{Y}$ = média de y

Este capítulo trata do quadro concetual das variáveis relacionadas com o estudo em causa. É apresentado a seguir:

(1) Adoção: É o processo mental através do qual um indivíduo passa da primeira vez que ouve falar de uma nova ideia (inovação) para a sua utilização final.

(2) Idade: refere-se à idade cronológica do inquirido em número de anos completados no momento da entrevista.

(3) Rendimento anual: Refere-se ao rendimento total em rupias auferido pelo inquirido de todas as fontes num determinado ano.

(4) Bibliografia: Lista de livros ou outros materiais escritos colocados para referência após um trabalho académico ou que aparecem como uma publicação separada.

(5) Bloco (Kshetra Samiti): Um bloco é uma unidade de planeamento e desenvolvimento. Trata-se de um meio administrativo para resolver os problemas das populações rurais de uma forma concertada e coordenada.

(6) Casta: A casta é um tipo permanente de estratificação social da sociedade em categorias superiores e inferiores.

(7) Categoria: Uma classe, grupo ou tipo baseado em alguns traços.

(8) Posse de meios de comunicação: São os meios pelos quais a informação ou o conhecimento são transmitidos de um grupo ou indivíduo para outro.

(9) Restrições: Problemas ou obstáculos enfrentados pelos inquiridos na adoção da tecnologia de produção de batata.

(10) Correlação: Uma medida estatística que mostra o grau em que duas variáveis estão relacionadas, não necessariamente numa relação causal; a magnitude de uma correlação pode variar entre -1,00 e + 1,00.

(11) Dados: Os dados são definidos como factos, números ou informações conhecidas ou disponíveis.

(12) Motivação económica: Significa que o indivíduo está orientado para a obtenção do máximo ganho económico, como a maximização dos lucros da exploração.

(13) Educação: Refere-se ao nível de educação formal obtido pelos inquiridos.

(14) Dimensão da família: Refere-se ao número de pessoas que vivem numa família.

(15) Tipos de família: Existem dois tipos de família: a família monoparental e a família conjunta. Num sistema de família única, são considerados o pai, a mãe e os filhos, ao passo que num sistema de família conjunta, os membros de duas ou três gerações, juntamente com os familiares e os criados, vivem sob o mesmo teto com um sistema alimentar comum.

(16) Família: Todos os membros da família que vivem juntos sob o mesmo teto e sob a orientação de um só homem. Comem juntos e partilham as suas responsabilidades no interesse dos seus familiares.

(17) Agregado familiar: um grupo de pessoas que vive normalmente em conjunto e que consome alimentos de uma cozinha comum

(18) Padrão de habitação: Refere-se à habitação; os aldeões constroem uma casa e vivem nela com os seus familiares. Existem vários tipos de habitação: Hut, Kuchcha, Mista e Pucca.

(19) Analfabetismo: refere-se à incapacidade de uma pessoa para ler e escrever

(20) Analfabeto: O termo analfabeto é utilizado para designar uma pessoa que não sabe ler nem escrever e que não tem/não teve escolaridade formal ou equivalente.

(21) Informação: a informação é uma diferença na energia da matéria que afecta a incerteza numa situação em que existe uma escolha entre um conjunto de alternativas. Assim, a informação é algo que reduz a incerteza.

(22) Entrevista: As entrevistas são realizadas com indivíduos/respondentes selecionados. Sobre um determinado tópico que rapidamente revela um vasto leque de opiniões, atitudes e estratégias, e que permite descobrir

(23) Conhecimentos: O conhecimento é o grau de consciência de um determinado assunto ou campo de estudo. Neste contexto, limita-se ao conhecimento do produtor de batata sobre diferentes pacotes de práticas por ele empreendidas.

(24) Posse de material: Definido operacionalmente como os materiais gerais possuídos pelos inquiridos, incluindo material de recreio, alfaias agrícolas, máquinas, materiais domésticos, comunicações e transportes.

(25) Média (X): Uma medida de tendência central, a soma de todas as observações/itens dividida pelos seus números, mais popularmente conhecida como média aritmética. É indicada pelo sinal (X). -

(26) Motivação: O processo de iniciar uma ação consciente e intencional.

(27) Objectivos: Os objectivos são expressões dos fins para os quais os nossos esforços são dirigidos.

(28) Atividade profissional: A atividade principal é aquela que gera rendimentos superiores a 50 %, enquanto a atividade secundária é inferior a esse valor.

(29) Probabilidade: Uma estimativa da possibilidade ou possibilidade de ocorrência de uma determinada coisa ou acontecimento.

(30) Amostra intencional: Um tipo de amostra não probabilística em que os elementos a incluir na amostra são selecionados pelo investigador com base em caraterísticas especiais ou na tipicidade dos inquiridos.

(31) Amostragem aleatória: O processo em que todas as unidades da população têm a mesma probabilidade de serem selecionadas para investigação.

(32) Intervalo: Uma medida de dispersão; uma pontuação de diferença obtida subtraindo a pontuação mais pequena da pontuação maior na distribuição.

(33) Referência: Nota numa publicação que remete o leitor para outra fonte de passagem pessoa que fornece uma recomendação para alguém que procura emprego ou uma apresentação.

(34) Inquiridos: A pessoa que responde às perguntas feitas pelo investigador num inquérito com a ajuda de um programa de entrevistas. São as pessoas junto das quais os investigadores sociais obtêm normalmente os dados necessários para o seu trabalho de investigação.

(35) Orientação para o risco: Refere-se ao grau em que os inquiridos estão orientados para a incerteza do risco e têm coragem para enfrentar os problemas.

(36) Amostra: Algumas unidades selecionadas do universo da população que representam o universo são conhecidas como amostra.

(37) Programa: A escala é o nome geralmente aplicado a um conjunto de perguntas que são colocadas e preenchidas pelo investigador numa situação face a face com outra pessoa.

(38) Orientação científica: A orientação científica significa alargar a perspetiva das pessoas para que possam pensar de forma lógica e racional e utilizar corretamente os conhecimentos científicos na agricultura, substituindo as práticas ultrapassadas e irrelevantes por técnicas avançadas.

(39) Significância: A significância tem duas dimensões básicas, nomeadamente a significância estatística e a significância psicológica. A significância estatística indica se os resultados obtidos são um acontecimento comum ou raro, se apenas o acaso está a funcionar. O significado psicológico indica a qualidade dos dados, a adequação dos dados obtidos e a clareza dos resultados obtidos.

(40) Dimensão da propriedade fundiária: Refere-se à posse de terras em hectares/acres pelos inquiridos.

(41) Participação social: Grau de envolvimento de um indivíduo numa organização social como membro ou como titular de um cargo.

(42) Perfil socioeconómico: É o perfil das componentes socioeconómicas que se referem ao estatuto do indivíduo, grupo, sociedade ou organização em diferentes graus. No presente estudo, refere-se ao estatuto socioeconómico dos inquiridos que possuem.

(43) Fonte de informação: Refere-se aos objectos através dos quais os inquiridos obtiveram informações sobre pacotes ou práticas, actividades sobre a cultura da batata.

(44) Desvio-padrão: Uma medida de dispersão que é a raiz quadrada da soma dos desvios quadrados de cada pontuação em relação à média dividida pelo número de pontuações.

(45) Tecnologia: É o resultado tangível e intangível da ciência que é utilizado pelo utilizador e, consequentemente, obtém os benefícios

(46) Variáveis: Uma variável é a descrição das caraterísticas de um grupo de indivíduos que, quando medidas, podem apresentar mais do que um valor numérico. As variáveis são de dois tipos

(i) Variáveis dependentes: As variáveis cujo valor é influenciado ou deve ser previsto são chamadas variáveis dependentes.

(ii) Variáveis independentes: As variáveis manipuladas pelos experimentadores com o objetivo de determinar se influencia o comportamento.

Capítulo 5: RESULTADOS E DISCUSSÃO

Neste capítulo, apresentam-se as conclusões e as inferências tiradas em relação aos objectivos específicos do estudo com base na análise efectuada utilizando as técnicas estatísticas pertinentes.

Os resultados deste estudo foram discutidos nos seguintes sub-campos:

5.1 Perfil socioeconómico dos inquiridos

5.2   Extensão do conhecimento

5.3   Grau de adoção

5.4 Análise estatística.

5.5 Restrições

5.6 Medidas corretivas **5.1 Perfil socioeconómico dos inquiridos**

- Composição etária:
Tabela-5.1.1: Distribuição dos inquiridos de acordo com a idade:

N=100

S. Não.	Categorias de idade (anos)	Inquiridos	
		Número	**Percentagem**
1.	Jovens (até 31 anos)	17	17.00
2.	Médio (32 a 61)	61	61.00
3.	Idoso (62 anos ou mais)	22	22.00
	Total	100	100

Mean=45.92,S.D.=15.18,Min.=22,Max=85

É óbvio, a partir do quadro 5.1.1, que a maioria dos inquiridos (61,00 %) se encontrava na categoria dos 32-61 anos de idade, seguida de 22,00 % e 17,00 % para os que tinham até 62 anos e 31 anos ou mais, respetivamente. Assim, a maioria dos empresários do sector leiteiro situa-se na categoria dos 32-61 anos de idade.

Tabela 5.1.2: Distribuição dos inquiridos de acordo com as habilitações literárias: Habilitações académicas: N=100

S. Não.	Categorias	Inquiridos	
		Número	
1.	Analfabeto	02	02.00
2.	Alfabetizado	98	98.00
	Total	100	100.00
2.a.	Só pode assinar	02	02.00
b.	Sabe ler e escrever	40	40.00
c.	Primário	10	10.00
d.	Médio	03	03.00
e.	Escola secundária	05	05.00
f.	Intermediário	26	26.00
g.	Licenciado	10	10.00
h.	Pós-graduação	02	02.00
	Total	**98**	**98.00**

A Tabela 5.1.2 revela que a percentagem de alfabetização dos inquiridos foi de 98% e que 2% dos inquiridos eram analfabetos. Além disso, o nível de escolaridade dos inquiridos alfabetizados, por ordem decrescente, foi de 40,00 %, 26,00 %, 10,00 %, 10,00 %, 5,00 %, 3,00 %, 2,00 % e 2,00 % para Saber ler e escrever, Intermédio, Licenciatura, Primário, Secundário, Médio, Pós-graduação e Saber assinar, respetivamente.

Por conseguinte, pode concluir-se que a maioria dos inquiridos (98%) era alfabetizada e que o rácio existente entre alfabetizados e analfabetos era de 4,5:1.

Tabela 5.1.3: Distribuição dos inquiridos de acordo com a casta: N=100

S. Não.	Categorias	Inquiridos	
		Número	Percentagem
1.	Casta geral	30	30.00

2.	Casta de retaguarda	42	42.00
3.	Casta registada	28	28.00
	Total	100	100.00

O quadro 5.1.3 indica que o número máximo de inquiridos (42%) pertencia à casta atrasada, enquanto a casta geral e as castas regulares eram 30% e 28%, respetivamente.

Assim, conclui-se que a maioria dos produtores de batata (42 %) pertence a uma casta atrasada.

Composição da família:

Tipo de família:

Tabela 5.1.4: Distribuição dos inquiridos de acordo com o tipo de família:

N=100

S. Não.	Categorias	Inquiridos	
		Número	Percentagem
1.	Individual	16	16.00
2.	Conjunto	84	84.00
	Total	100	100.00

O Quadro 5.1.4 mostra que 84% das famílias dos inquiridos pertencem ao sistema de família conjunta, seguido de 16% de famílias que pertencem ao sistema de família única. Revelou o facto de o sistema de família conjunta da sociedade rural estar agora a desagregar-se.

Tamanho da família:

Tabela 5.1.5: Distribuição dos inquiridos de acordo com a dimensão da família:

N=100

S. Não.	Categorias	Inquiridos	
		Número	**Percentagem**
1.	Pequeno (até 6 membros)	22	22.00
2.	Médio (7-11)	63	63.00
3.	Grande (a partir de 12 anos)	15	15.00
	Total	100	100.00

Mean=8.5,S.D.=2.80, Min.=4,Max.=16

A Tabela 5.1.5 mostra que 63% das famílias dos inquiridos tinham 7-11 membros, seguidas de 22% de famílias com até 6 membros e 15% de famílias com 12 ou mais membros. O tamanho médio da família era de 8,5 membros. O intervalo entre o número mínimo e máximo de membros da família foi registado entre 4 e 16. Assim, conclui-se que a maioria dos inquiridos se encontrava na categoria de tamanho médio de família.

Padrão de habitação:

Tabela 5.1.6: Distribuição dos inquiridos de acordo com o padrão de habitação:

N=100

S. Não.	Categorias	Inquiridos	
		Número	**Percentagem**
1.	Cabana	01	01.00
2.	Kuccha	02	02.00
3.	Misto	47	47.00
4.	Pucka	50	50.00
	Total	100	100.00

É evidente a partir dos dados apresentados na Tabela-5.1.6 que a maioria dos inquiridos (50%) tinha as suas casas do tipo Pucka, seguidas por Mixed (47%),

Kuchcha (2%) e Hut (1%), respetivamente.

O facto de os habitantes da aldeia estarem a tornar-se economicamente sãos de dia para dia permitiu-lhes conventar as suas casas Hut e Kuchcha para Pucca e casas de tipo misto.

Dimensão da exploração agrícola:

Quadro 5.1.7: Distribuição dos inquiridos de acordo com a posse da terra:

N=100

S. Não.	Categorias (agricultores)	Inquiridos	
		Número	**Percentagem**
1.	Marginal (inferior a 1 ha)	30	30.00
2.	Pequena (1-2 ha)	36	36.00
3.	Médio (2-3 ha)	20	20.00
4.	Grandes (3 ha e mais)	14	14.00
	Total	100	100.00

Média=2.60, S.D. 1.46, Min=0.5, Max. 7.

A Tabela 5.1.7 indica que o máximo de inquiridos (36%) se encontrava na categoria de pequenos agricultores (1 ha), seguido de 30,00% *de* agricultores marginais (menos de 1,0 ha) e 20% de inquiridos nas categorias de médios agricultores (2-3 ha) e 14% de grandes agricultores (mais de 3 ha), respetivamente. A média de terras dos inquiridos foi de 2,60 ha. Por conseguinte, pode concluir-se que a maioria das explorações agrícolas se tornou pequena na zona de estudo.

Profissão:

Tabela 5.1.8: Distribuição dos inquiridos segundo a profissão:

N=100

S. Não .	Categorias	Inquiridos			
		Atividade principal		Ocupação subsidiária	
		Número de	Percentage me	Número de	Percentage me
1.	Trabalho agrícola	03	03.00	02	02.00
2.	Ocupação baseada na casta	00	0.00	02	02.00
3.	Serviço	08	08.00	02	02.00
4.	Agricultura	89	89.00	11	11.00
5.	Negócios	00	0.00	07	07.00
6.	Empresa de base agrícola	00	0.00	08	08.00

A Tabela 5.1.8 indica claramente que a agricultura surgiu como ocupação principal (89%), seguida de serviços (8%), trabalhadores agrícolas (3%) e empresas de base agrícola, ocupação baseada em castas e negócios, não havendo qualquer resposta da ocupação principal dos inquiridos. No caso da ocupação subsidiária, o máximo (11%) dos inquiridos é a agricultura, seguida da empresa de base agrícola (8%), do comércio (7%), da ocupação baseada na casta, do trabalho agrícola e dos serviços, com a mesma resposta (2,00%), respetivamente.

Rendimento anual:

Tabela-5.1.9 Distribuição dos inquiridos de acordo com o rendimento anual:

N=100

S. Não.	Categorias (Rs.)	Número de inquiridos	Percentagem
1.	Até -45000	19	19.00
2.	45001-90000	41	41.00
3.	90001-135000	11	11.00
4.	135001-180000	04	4.00
5.	Acima de 180001	25	25.00
	Total	100.00	100.00

Média = 115660, S.D.=70000, Mín. =20000.00, Máx. =750000.00.

O rendimento anual dos inquiridos variava entre Rs. 20 000 e 1 750 000.

A Tabela 5.1.9 revela que um número máximo de inquiridos, 41,00%, pertence ao rendimento anual de Rs. 45.001 a 90.000, enquanto 25%, 19%, 11% e 4% dos inquiridos pertencem a uma gama de rendimentos de Rs. Acima de 1.80.001, até 45.000, 90.001 a 1.35.000 e 1.35.000 a 1.80.000, respetivamente.

Pode dizer-se que o inquirido terá um rendimento anual de 45 001 a 90 000 rupias.

Participação social:

Tabela 5.1.10: Distribuição dos inquiridos de acordo com a participação social:

N=100

S. Não.	Categorias	Inquiridos	
		Número	**Percentagem**
1.	Sem participação	71	71.00
2.	Participação numa organização	24	24.00
3.	Participação em duas organizações	05	5.00
4.	Participação em mais de duas organizações	00	0.00
	Total	**100**	**100**

Um olhar rápido sobre os dados apresentados na tabela 5.1.10 indica que, dos 100 inquiridos, (71%) não participam em nenhuma organização, (24%) participam numa organização, seguidos da participação em duas organizações (5%) e da participação em mais de duas organizações (0%), respetivamente.

Posse de materiais:

Quadro 5.1.11: Distribuição dos inquiridos de acordo com a potência da exploração:

N=100

S. Não.	Categorias	Inquiridos	
		Número	**Percentagem**
A.	Sem energia agrícola	25	25.00
B.	Com a energia da quinta	75	75.00
1.	Boiada	16	16.00
2.	Trator	19	17.00
3.	Motocultivador	22	18.00
4.	Conjunto de bombagem	48	32.00

| 5. | Motor elétrico | 34 | 12.00 |

Nota: Os inquiridos indicaram mais do que um item. Por conseguinte, a percentagem total seria superior a 100.

O Quadro 5.1.11 indica que 75 por cento dos inquiridos dispunham de energia eléctrica na exploração agrícola, enquanto 25 por cento não possuíam qualquer energia eléctrica na sua exploração.

No caso da existência de energia eléctrica na exploração agrícola, 48% dos inquiridos dispõem de um conjunto de bombagem, seguido de 34%, 22%, 19% e 16% de motores eléctricos, motocultivadores, tractores e bois, respetivamente.

Materiais para alfaias agrícolas:

Quadro 5.1.12: Distribuição dos inquiridos de acordo com as alfaias agrícolas:

N=100

S. Não.	Categorias	Inquiridos	
		Número	**Percentagem**
1.	Cultivador	14	14.00
2.	Arado de discos	15	15.00
3.	Debulhador	14	14.00
4.	Semeador	07	7.00
5.	Arado Deshi	19	19.00
6.	Pata	35	35.00
7.	Kudal	99	99.00
8.	Pá	99	99.00
9.	Enxugador	15	15.00
10.	Cortador de palha	75	75.00
11.	Rotavador	10	10.00
12.	Combinar	04	04.00
13.	Leme zero	03	03.00

Nota: Os inquiridos indicaram mais do que um item. Por conseguinte, a percentagem total de todos os itens seria superior a 100.

É claro a partir dos dados incluídos na Tabela-5.1.12 que a maioria dos inquiridos (99%) foi relatada como tendo Kudal e shavel seguido por Chaff cutter (75%), Pata (35%), Deshi plough (19%), winnower (15%), winnover e arado de disco (15%), cultivador e Thresher (14%), rotavator (10%), semeador (7%), combinar (4%) e zerotillage (3%) respetivamente. Assim, pode dizer-se que os inquiridos dispunham de um bom número de alfaias.

As casas detêm a posse de materiais:

Quadro 5.1.13: Distribuição dos inquiridos de acordo com o agregado familiar materiais: N=100

S. Não.	Categorias	Inquiridos	
		Número	**Percentagem**
1.	Fogão a gás	29	29.00
2.	Cama de casal	17	17.00
3.	Panela de pressão	78	78.00
4.	Prensa eléctrica	22	22.00
5.	Ver	95	95.00
6.	Cadeiras	80	80.00
7.	Aquecedor	32	32.00
8.	Indução	10	10.00
9.	Ventilador	73	73.00
10.	Refrigerador	11	11.00
11.	Máquina de costura	35	35.00
12.	Berços	100	100.00
13.	Toucador	14	14.00
13.	Mesa de jantar	06	6.00
14.	Fogão sem fumo	8	8.00

Nota- Os inquiridos indicaram mais do que um item. Por conseguinte, a percentagem total de todos os itens seria superior a 100.

O Quadro 5.1.13 indica claramente que 100 por cento dos inquiridos referiram berços, seguidos de relógio (100 por cento), cadeira (80 por cento), panela de pressão (78 por cento), ventoinha (73 por cento), loiça (40 por cento), máquina de costura (35 por cento), aquecedor (32%), fogão a gás (29%), prensa eléctrica (22%), cama de casal (17%), toucador (14%), arca frigorífica (11%), indução (10%), fogão sem fumo (8%) e mesa de jantar (6%), respetivamente. O estado dos materiais de uso doméstico parece ser bom.

Posse de material de transporte:

Quadro 5.1.14: Distribuição dos inquiridos de acordo com o transporte materiais: N=100

S. Não.	Categorias	Inquiridos	
		Número	**Percentagem**
1.	Carro de bois	15	15.00
2.	Jipe	02	02.00
3.	Automóvel	07	07.00
4.	Carrinho	15	15.00
5.	Trator	19	19.00
6.	Ciclo	99	99.00
7.	Bicicleta	75	75.00
8.	Camião	00	0.00
9.	Autocarro	00	0.00

Nota - Os inquiridos indicaram mais do que um item. Por conseguinte, a percentagem total de todos os itens seria superior a 100.

A Tabela 5.1.14 indica claramente que uma maioria esmagadora dos inquiridos (99%) tinha a bicicleta como meio de transporte, seguida do motociclo (75%), do trator (19%), do carro de bois e do carrinho (15%), do carro (7%) e do jipe (2%), respetivamente. Assim, os dados acima apresentados permitem concluir que a bicicleta é um meio de transporte importante para os inquiridos.

Posse de meios de comunicação:

Quadro 5.1.15: Distribuição dos inquiridos de acordo com a comunicação posse de meios de comunicação social: N=100

S. Não.	Categorias	Inquiridos	
		Número	**Percentagem**
1.	Rádio	79	79.00
2.	T.V.	74	74.00
3.	Gravador de cassetes	02	2.00
4.	Telefone	07	07.00
5.	Telemóvel	96	96.00
6.	Revistas	01	01.00
7.	Revistas agrícolas	02	02.00
8.	Revistas gerais	08	08.00
9.	Livros sobre agricultura	04	04.00
10.	Jornal de notícias	58	58.00
11.	D.T.H.	67	67.00
12.	Internet	01	01.00

Nota: - Os inquiridos indicaram mais do que um item. Por conseguinte, a percentagem total de todos os itens é superior a 100.

A Tabela 5.1.15 mostra que a maioria dos inquiridos (96%) possuía telemóvel. Os restantes inquiridos que possuíam outros meios de comunicação eram, por ordem decrescente, a rádio (79%), a televisão (74%), o D.T.H. (67%), o jornal (58%), a revista geral (8%), o telefone (7%), os livros Agril. Livros (4%), Revistas Agril. Revistas (2%), computador e Internet (1%), respetivamente. Assim, pode inferir-se que a rádio e a televisão são as principais fontes de informação e de lazer.

Posse global de materiais:

Quadro 5.1.16: Distribuição dos inquiridos de acordo com o material global

posse: N=100

S. Não.	Categorias	Inquiridos	
		Número	**Percentagem**
1.	Baixo (até 12 membros)	10	10
2.	Médio (13 a 47)	79	79
3.	Elevado (48 e superior)	11	11
	Total	100	100.00

Mean=29.53,S.D.=17.08,Min.=5,Max.=83

A posse geral de materiais foi classificada em três categorias principais com base nas pontuações: baixa (até 12), média (13-47) e alta (48 e mais). Os dados apresentados na Tabela 5.1.16 revelaram que o maior número de inquiridos (79%) se encontrava na categoria média (13-47 pontos) de posse de materiais, seguida das categorias alta e baixa (11%) e (10%), respetivamente. Assim, pode concluir-se que a posse de materiais dos inquiridos era sensivelmente melhor. A média das classificações relativas à posse de materiais foi de 29,53, com um mínimo de 5 e um máximo de 83 classificações

Grau de contacto com as fontes de informação:

Quadro 5.1.17: Distribuição dos inquiridos de acordo com o grau de contacto com diferentes fontes de informação: N=100

S. Não.	Categorias de fontes de informação	Valor da pontuação média	Ordem de classificação
A. Fontes formais			
1.	B.D.O.	00.15	X
2.	A.D.Os	0.22	IX
3.	V.D.Os	00.42	VIII
4.	Kishan Shayak	00.54	VII

5.	Gram Pradhan	00.76	III
6.	Cooperativa	0.89	II
7.	Agril. Collage/Univ.	00.75	IV
8.	Mandi Samiti	00.66	V
9.	Fertilizantes/Sementes	00.94	I
10.	Agril. Cientistas	00.55	VI
Média		**00.88**	
B. Fontes informais			
1.	Família Membro	00.94	III
2.	Vizinho	0.96	I
3.	Amigos	00.89	IV
4.	Familiares	00.50	VI
5.	Líderes locais	00.74	V
6.	Agricultores progressistas	00.95	II
	Média	**00.83**	
C. Exposição aos meios de comunicação social			
1.	Rádio	00.88	I
2.	T.V.	00.85	II
3.	Jornal de Notícias	00.24	VI
4.	Agril. Livros	00.06	X
5.	Boletins de notícias	00.15	VII
6.	Revistas	00.10	IX
7.	Revistas agrícolas	00.12	VIII
8.	Cartas circulares	Nulo	Nulo
9.	Cartazes	00.23	VI
10.	Feira dos agricultores	00.44	IV
11.	Demonstração	Nulo	Nulo
12.	Pastas	00.45	III
13.	Programas de cinema	Nulo	Nulo
14.	Exposições	00.33	V

	Avançar	00.35	
	Média global	00.68	

Os dados fornecidos na Tabela-5.1.17 referem-se à extensão do conteúdo dos inquiridos com diferentes fontes de informação utilizadas por eles para receber informações gerais, bem como sobre várias práticas da batata. As fontes de informação foram categorizadas em três categorias, nomeadamente fontes formais, fontes informais e exposição aos meios de comunicação social para descobrir o grau de contacto dos inquiridos. No que diz respeito ao contacto com fontes formais, as lojas de fertilizantes/sementes, sociedades cooperativas, Gram Pradhan, Agril. College/universidade, mandi samiti, Agril. Scientists, Kisan Sahayak, VDOs, ADOs e BDOs obtiveram as classificações I, II, III, IV, V, VI, VII, VIII, IX e X, respetivamente. A média das pontuações para todas as fontes formais foi de 0,88.

No que diz respeito ao contacto com fontes informais, os vizinhos, os agricultores progressistas, os membros da família, os amigos, os líderes locais e os parentes obtiveram a ordem de classificação I, II, III, IV, V e VI, respetivamente. A média das pontuações relativas às fontes de informação informais foi de 0,83.

Entre os meios de comunicação de massas, a rádio, a televisão, as pastas, a feira dos agricultores,

A exposição, o jornal, o cartaz, o boletim de notícias, as revistas, a carta circular, o jornal e os livros de agricultura e a carta circular, a demonstração e os filmes não responderam a qualquer pontuação e obtiveram a ordem de classificação I, II, III, IV, V, VI, VII, VIII, IX, X e XI, respetivamente. A média das pontuações para a exposição aos meios de comunicação social foi de 0,35.

Por conseguinte, pode concluir-se que as fontes de informação informais parecem ser as mais importantes, uma vez que são geralmente utilizadas pela maioria dos inquiridos. As fontes de informação formais e dos meios de comunicação social também foram utilizadas pelos inquiridos de forma considerável. A média global das pontuações relativas às fontes de informação formais, informais e dos meios de comunicação social foi de 0,68, o que pode ser considerado como um contacto razoável com as fontes de informação.

Motivação económica:

Quadro 5.1.18: Distribuição dos inquiridos de acordo com a situação económica motivação. N=100

S. Não.	Categorias	Inquiridos	
		Número	**Percentagem**
1.	Baixa (até 23 membros)	15	15.00
2.	Médio (24 a 26)	76	76.00
3.	Elevado (27 e superior)	09	9.00
	Total	100	100.00

Mean=24.46, S.D.=1.68, Min.=19, Max.=27

A Tabela-5.1.18 mostra que o número máximo de inquiridos (76%) tinha um nível médio de motivação económica, seguido de 15% e 9% de inquiridos com um nível baixo e alto de motivação económica, respetivamente. A média das pontuações relativas à motivação económica foi de 24,46, com um intervalo mínimo de 19 e máximo de 27. Por conseguinte, pode concluir-se que a maioria dos inquiridos apresenta um nível médio de motivação económica.

Orientação científica:

Tabela 5.1.19: Distribuição dos inquiridos de acordo com a orientação científica:

N=100

S. Não.	Categorias	Inquiridos	
		Número	**Percentagem**
1.	Baixa (até 23 membros)	14	14.00
2.	Médio (24 a 26)	80	80.00
3.	Elevado (27 e superior)	06	6.00
	Total	100	100.00

Média=24.46, S.D.=1.44, Mín.=19, Máx.=27

A Tabela 5.1.19 mostra claramente que 80% dos inquiridos têm um nível médio de orientação científica, seguido de níveis baixo (14%) e alto (6%) de orientação científica, respetivamente. A média das pontuações relativas à orientação científica foi de 24,46, com um intervalo mínimo de 19 e máximo de 27. Assim, pode inferir-se que a maioria dos inquiridos (80%) tem um nível médio de orientação científica.

Orientação para o risco:

Tabela 5.1.20: Distribuição dos inquiridos de acordo com a orientação para o risco:

N=100

S. Não.	Categorias	Inquiridos	
		Número	**Percentagem**
1.	Baixa (até 23 membros)	10	10.00
2.	Médio (24 a 26)	78	78.00
3.	Elevado (27 e superior)	12	12.00
	Total	100	100.00

Média=24,47, S.D. =1,30, Mín. =21, Máx. =27

A Tabela 5.1.20 mostra que 78% dos inquiridos têm um nível médio, seguido de um nível elevado (12%) e de um nível baixo (10%) de orientação para o risco. A média das pontuações relativas à orientação para o risco foi de 24,47, com um intervalo mínimo de 21 e máximo de 27. Por conseguinte, pode concluir-se que os inquiridos têm um interesse médio em suportar os riscos relacionados com a melhoria da agricultura.

Tabela 5.2.1 Conhecimentos práticos: N=100

S.N.	Práticas	Número de inquiridos	Percentagem
1.	Preparação do terreno	85	85.00
2.	Taxa de sementeira	95	95.00
3.	Momento de aplicação dos estrumes e fertilizantes	94	94.00
4.	Tecnologia de colheita e pós-colheita	65	65.00
5.	Época de sementeira	90	90.00
6.	Irrigação	65	65.00
7.	Espaçamento	55	55.00
8.	Quantidade de estrume e fertilizantes	52	52.00
9.	Operações interculturais	70	70.00
10.	Tratamento de sementes	65	65.00
11.	Variedades melhoradas	100	100.00
12.	Medidas fitossanitárias	80	80.00

Percentagem global = 76,333

É óbvio a partir do Quadro 5.2.1. Entre todas as 12 práticas agrícolas de produção de culturas, as variedades melhoradas (95%), a preparação do campo (85%), as medidas de proteção das plantas (80%), a época de sementeira (90%), as operações interculturais (70%) estão classificadas em 1st no que diz respeito ao conhecimento dos inquiridos. As práticas como a aplicação da taxa de sementeira (95%), seguida da época de aplicação de estrume e fertilizantes (94%)· , irrigação (65%), tratamento de sementes (65%), espaçamento (55%), quantidade de estrume e fertilizantes (52%) e tecnologia de colheita e pós-colheita (65%). O índice global de conhecimentos será calculado em 76,33%. Pode calcular-se que o grau de conhecimento sobre a tecnologia de produção agrícola parece ser satisfatório.

Âmbito da adoção:

Tabela-5.3.1 Distribuição dos inquiridos de acordo com o grau de adoção sobre variedades melhoradas de batata.   N=100

S.N.	Categorias	Inquiridos	
		Não.	Percentagem
1.	Baixo (até 2)	38	38.00
2.	Médio (3 a 31)	44	44.00
3.	Elevado (32 e superior)	18	18.00
	Total	100	100.00

Média=16,38 , DP=15,16, Mín. =1, Máx. =35

A Tabela 5.3.1 mostra que a maioria dos inquiridos (44,00%) possuía um nível médio (3 a 31) de adoção das variedades melhoradas de mostarda, seguido de 38,00 e 18,00 das categorias baixa e alta (32 e acima) de adoção, respetivamente. A média foi de 16,38.

Tabela-5.3.2 Distribuição dos inquiridos de acordo com o grau de adoção da preparação do terreno. N=100

S.N.	Categorias	Inquiridos	
		Não.	**Percentagem**
1.	Baixo (até 54)	37	37.00
2.	Médio (55 a 92)	42	42.00
3.	Elevado (93 e superior)	21	21.00
	Total	100	100.00

Média=73,85, DP=18,96, Mín. =44, Máx. =98

A Tabela 5.3.2 reflecte que a maioria dos inquiridos (42,00%) possui um nível médio de adoção, seguido dos inquiridos nas categorias de nível baixo (37,00%) e alto (21,00%) de adoção, respetivamente. A média de adoção foi de 73,85.

Tabela-5.3.3 Distribuição dos inquiridos de acordo com o grau de adoção da taxa de sementes. N=100

S.N.	Categorias	Inquiridos	
		Não.	**Percentagem**
1.	Baixo (até 48)	18	18.00
2.	Médio (49 a 96)	48	48.00
3.	Elevado (97 e superior)	34	34.00
	Total	100	100.00

Média=72,23, DP=24,83, Mín. =41, Máx. =99

É óbvio a partir da Tabela 5.3.3 que a percentagem máxima (48,00) dos inquiridos possuía um nível médio de adoção, seguida pelos inquiridos com um nível elevado de adoção (34,00%) e um nível baixo de adoção (18,00%), respetivamente. A pontuação média foi de 72,73.

Tabela-5.3.4 Distribuição dos inquiridos de acordo com o grau de adoção do tratamento de sementes. N=100

S.N.	Categorias	Inquiridos	
		Não.	Percentagem
1.	Baixo (até 2)	66	66.00
2.	Médio (3 a 19)	16	16.00
3.	Elevado (20 e mais)	18	18.00
	Total	120	100.00

Média=11,38, DP=9,12, , Mín. =21, Máx. =27

A Tabela 5.3.4 mostra que a maioria dos inquiridos (66,00%) possuía um nível baixo (até 2) de extensão de adoção sobre o tratamento de sementes, seguido por 18,00% e 16,00% das categorias de extensão de adoção alta (20 e acima) e média (3 a 19), respetivamente. A média encontrada foi de 11,38.

Tabela-5.3.5 Distribuição dos inquiridos de acordo com o grau de adoção de momento da sementeira.   N=100

S.N.	Categorias	Inquiridos	
		Não.	Percentagem
1.	Baixo (até 42)	33	33.00
2.	Médio (43 a 91)	48	48.00
3.	Elevado (92 e superior)	19	19.00
	Total	100	100.00

Média=67,36, DP=25,19, Mín. =34, Máx. =97

É óbvio, a partir da Tabela 5.3.5, que a maioria dos inquiridos (48,00%) possuía um nível médio de adoção, seguido pelos inquiridos com um nível baixo de adoção (33,00%) e um nível elevado de adoção (19,00%), respetivamente. A média da pontuação de adoção foi de 67,36.

Tabela-5.3.6 Distribuição dos inquiridos de acordo com o grau de adoção do espaçamento. N=100

S.N.	Categorias	Inquiridos	
		Não.	Percentagem
1.	Baixo (até 28)	58	58.00
2.	Médio (29 a 66)	29	29.00
3.	Elevado (67 e superior)	13	13.00
	Total	100	100.00

Média=47,91, DP=18,99, Mín. =21, Máx. =73

A Tabela 5.3.6 reflecte que a maioria dos inquiridos (58,00%) possui um baixo nível de adoção, seguido dos inquiridos com um nível de adoção médio (29,00%) e alto (13,00%), respetivamente.

Tabela-5.3.7 Distribuição dos inquiridos de acordo com o grau de adoção de estrumes e fertilizantes. N=100

S.N.	Categorias	Inquiridos	
		Não.	Percentagem
1.	Baixo (até 4)	38	38.00
2.	Médio (5 a 52)	49	49.00
3.	Elevado (53 e superior)	13	13.00
	Total	100	100.00

Média=28,75, DP=24,63, Mín. =2, Máx. =58

A Tabela 5.3.7 mostra que a maioria dos inquiridos (49,00%) possuía um nível médio (5 a 52) de adoção sobre a aplicação de estrume e fertilizantes, seguido por 38,00% e 13,00% das categorias baixa (até 4) e alta (53 e acima) de extensão de adoção, respetivamente. A média encontrada foi de 28,75.

Tabela-5.3.8 Distribuição dos inquiridos de acordo com o grau de adoção do tempo de aplicação de estrume e fertilizantes. N=100

S.N.	Categorias	Inquiridos	
		Não.	Percentagem
1.	Baixo (até 4)	38	38.00
2.	Médio (5 a 73)	39	39.00

3.	Elevado (74 e superior)	23	23.00
	Total	100	100.00

Média=39,05 , DP=34,60, Mín. =2, Máx. =79

A Tabela 5.3.8 mostra que a maioria dos inquiridos (39,00%) possuía um nível médio de adoção sobre o tempo de aplicação de fertilizantes e estrume, seguido pelos inquiridos com um nível baixo de adoção (38,00%) e um nível alto (23,00%), respetivamente. A média da pontuação de adoção foi de 39,05.

Tabela-5.3.9 Distribuição dos inquiridos de acordo com o grau de adoção da irrigação.

N=100

S.N.	Categorias	Inquiridos	
		Não.	**Percentagem**
1.	Baixo (até 2)	43	43.00
2.	Médio (3 a 37)	33	32.00
3.	Elevado (58 e superior)	24	24.00
	Total	100	100.00

Média=29,72, DP=28,02, Mín. =1, Máx. =65

A Tabela 5.3.9 mostra que a maioria dos inquiridos (43,34%) possuía um nível baixo (até 2) de adoção da irrigação, seguido de 32,50% e 24,16% de nível médio e alto de adoção, respetivamente. A média foi observada como 29,72.

Tabela-5.3.10 Distribuição dos inquiridos de acordo com o grau de operações **interculturais.** N=100

S.N.	Categorias	Inquiridos	
		Não.	**Percentagem**
1.	Baixo (até 2)	42	42.00

2.	Médio (3 a 43)	34	34.00
3.	Elevado (44 e mais)	24	24.00
	Total	100	100.00

Média=23,05, DP=20,83, Mín. =1, Máx. =52

É óbvio, a partir da Tabela 5.3.10, que o número máximo de inquiridos (42,00%) possuía um nível baixo (até 2) de adoção das operações culturais entre , seguido de 34,00% e 24,00%, as categorias média (3 a 43) e alta (44 e acima) de extensão de adoção, respetivamente. A média foi de 23,05.

Quadro-5.3.11 Distribuição dos inquiridos de acordo com a extensão das medidas de proteção das plantas. N=100

S.N.	Categorias	Inquiridos	
		Não.	**Percentagem**
1.	Baixo (até 3)	48	48.00
2.	Médio (4 a 27)	10	10.00
3.	Elevado (28 e superior)	42	42.00
	Total	100	100.00

Média=15,56, DP=12,75, Mín. =1, Máx. =32

A Tabela 5.3.11 mostra que a maioria dos inquiridos (48,00%) possuía um nível baixo (até 3) de adoção, seguido dos inquiridos com um nível médio de adoção (10,00%) e um nível elevado de adoção (42,00%), respetivamente. A média de adoção foi observada como 15,56.

Tabela-5.3.12 Distribuição dos inquiridos de acordo com o grau de adoção da tecnologia de colheita e pós-colheita.

N=100

S.N.	Categorias	Inquiridos	
		Não.	**Percentagem**
1.	Baixo (até 51)	50	50.00

		35	35.00
2.	Médio (52 a 86)	35	35.00
3.	Elevado (87 e superior)	15	15.00
	Total	100	100.00

Média=69,25, DP=18,17, Mín. =41, Máx. =92

A Tabela 5.3.12 mostra que a maioria dos inquiridos (50,00%) possuía um baixo

nível de adoção da tecnologia de colheita e pós-colheita, seguido de 35% e 15%

de um nível médio e alto de adoção, respetivamente. A pontuação média foi de

69,25.

Quadro 5.3.13 Adoção em função das práticas Extensão:

S.N.	Práticas	Número de inquiridos	Percentagem
1.	Preparação do terreno	64	64.00
2.	Taxa de sementeira	75	75.00
3.	Momento de aplicação dos estrumes e fertilizantes	47	47.00
4.	Tecnologia de colheita e pós-colheita	38	38.00
5.	Época de sementeira	65	65.00
6.	Irrigação	43	43.00
7.	Espaçamento	31	31.00
8.	Quantidade de estrume e fertilizantes	43	53.00
9.	Operações interculturais	40	40.00
10.	Tratamento de sementes	21	21.00

11.	Variedades melhoradas	50	50.00
12.	Medidas fitossanitárias	37	37.00

Percentagem global = 46,16

É óbvio a partir do Quadro 5.3.1. Que entre todas as 12 práticas agrícolas de produção de culturas, variedades melhoradas (50%), preparação do campo (64%), medidas de proteção das plantas (37%), tempo de sementeira (65%), operações interculturais (40%), tempo de aplicação de estrume e fertilizantes (47%) , irrigação (43%), tratamento de sementes (21%), espaçamento (31%), quantidade de estrume e fertilizantes (43%) e tecnologia de colheita e pós-colheita em (38%). Pode calcular-se que o grau de adoção da tecnologia de produção agrícola parece ser satisfatório.

5.4 Análise estatística:

Tabela 5.4.1 Coeficiente de correlação (r) entre as diferentes variáveis e o conhecimento.

5. Não.	Variáveis	Coeficiente de correlação
1	Idade	0.079916
2	Educação	-0.04766
3	Elenco	-0.1217
4	Tipo de família	0.065221
5	Tamanho da família	-0.03395
6	Padrão de habitação	-0.01107
7	Exploração de terras	0.017486
8	Ocupação	0.057071
9	Rendimento anual	0.171277

10	Posse de material	0.317322**
11	Participação social	0.050727
12	Grau de contacto com as fontes de informação	0.12618
13	Orientação científica	-0.10322
14	Motivação económica	-0.08054
15	Orientação para o risco	-0.09467

***Significativo** ao nível de probabilidade de 0,05% 0,197

** Significativo ao nível de probabilidade de 0,01% 0,257

A Tabela 5.4.1 mostra que, das 15 variáveis estudadas, as variáveis i.e. Rendimento anual foram consideradas altamente significativas e positivamente correlacionadas com o grau de conhecimento. As variáveis como o tipo de família, o padrão de habitação, o poder agrícola, o material doméstico e a posse geral de materiais foram consideradas significativas e positivamente correlacionadas. Essas variáveis, que mostraram uma relação positiva e significativa, tiveram uma influência direta sobre o grau de conhecimento da tecnologia de produção de batata. Isto significa que, se os valores destas variáveis aumentarem, o grau de conhecimento da tecnologia de produção também aumentará.

Tabela: 5.4.2 Coeficiente de correlação (r) entre as diferentes variáveis e o Papel da Adoção.

S. Não.	Variáveis	Coeficiente de correlação
1	Idade	-0.43035**
2	Educação	0.776637**
3	Elenco	0.320652**
4	Tipo de família	0.084515
5	Tamanho da família	0.055022
6	Padrão de habitação	0.204595*
7	Exploração de terras	0.087431
8	Ocupação	0.197532*

9	Rendimento anual	0.247021*
10	Posse de material	0.288649**
11	Participação social	0.129953
12	Grau de contacto com as fontes de informação	0.163852
13	Orientação científica	0.138498
14	Motivação económica	0.176527
15	Orientação para o risco	-0.061

*Significativo ao nível de 0,05% de probabilidade 0,197

** Significativo ao nível de probabilidade de 0,01% 0,257

Na leitura da Tabela -5.4.2 parece ser claro que a variável como a educação teve correlação significativa e positiva com a adoção da tecnologia de produção de batata. Assim, pode concluir-se que, se os valores das variáveis aumentarem, o grau de adoção da tecnologia de produção de batata também aumentará.

Tabela 5.5: Constrangimentos na adoção da tecnologia de produção de batata:

S. Não.	Restrições	Pontuação total	Valor da pontuação média	Ordem de classificação
1.	Falta de contacto com os extensionistas	378	3.78	I
2.	É mais difícil vigiar a cultura e proteger-se do animal.	358	3.58	II
3.	Falta de orientação e supervisão adequadas para o cultivo modernizado	350	3.50	III
4.	Falta de interação com cientistas e agricultores progressistas	339	3.39	IV
5.	Maior risco envolvido na produção de batata	329	3.29	V
6.	Falta de conhecimentos científicos sobre a cultura da batata	324	3.24	VI
7.	Falta de orientação para o risco na comunidade agrícola	300	3.00	VII

| 8. | Falta de liderança dos agricultores progressistas na sua aldeia | 295 | 2.95 | VIII |
| 9. | Falta de orientação científica na comunidade agrícola | 262 | 2.62 | IX |

O quadro 5.5.1 indica que a ordem de classificação dos constrangimentos sociais viz,'falta de contacto com pessoal de extensão' foi classificado em Iº (3.15) seguido por 'é mais difícil observar a cultura e proteger contra os animais' classificado em II (2.98), 'falta de orientação adequada e supervisão para o cultivo modernizado; classificado em II (2.91), 'falta de interação com cientistas e agricultores progressistas' classificado em IV (2.42), 'maior envolvimento de risco na produção de batata classificado V (2,74), 'falta de conhecimento científico sobre o cultivo de batata' classificado VI (2,70), 'falta de orientação de risco na comunidade agrícola' classificado VIII (2,45) e 'falta de orientação científica na comunidade agrícola' classificado IX (2,93). O valor da pontuação para cada constrangimento indica que a gravidade dos constrangimentos causou a baixa adoção da tecnologia.

B. Condicionalismos económicos:

Tabela - 5.5.2 Grau de gravidade dos constrangimentos económicos.

S. Não.	Condicionalismos económicos	Total	Média Valor da pontuaç ão	Classific ação ordem
1.	Pouco lucro	380	3.80	I
2.	O poder de compra dos agricultores é fraco	374	3.74	II

3.	Corrupção prevalecente nas instituições financeiras, ou seja, bancos, cooperativas, etc.	365	3.65	III
4.	As extensões de irrigação são elevadas devido aos custos elevados do gasóleo e da eletricidade	360	3.60	IV
5.	Não é subsidiária na compra de factores de produção para a cultura da batata	355	3.55	V
6.	Maior envolvimento dos intermediários na comercialização da batata	348	3.48	VI
7.	Falta de motivação económica nas famílias de agricultores	339	3.39	VII
8.	As horas de trabalho são raramente disponíveis para as operações agrícolas	336	3.36	VIII
9.	Falta de dinheiro	325	3.25	IX
10.	Falta de facilidades de crédito	319	3.19	X

O quadro 5.5.2 mostra que a ordem de classificação dos constrangimentos económicos, nomeadamente "baixo lucro", está classificada em I (2,16), seguida de "fraco poder de compra dos agricultores", classificada em II (3,11), "corrupção prevalecente nas instituições financeiras, ou seja, bancos, cooperativas, etc.", classificada em III (3,04), "área de irrigação muito extensa devido ao elevado custo do gasóleo e da eletricidade", classificada em IV (3.00), 'não há subsídios para a compra de insumos para o cultivo da batata' classificado V (2,95), 'maior envolvimento de intermediários na comercialização da batata' classificado VI (2,30), 'falta de motivação económica entre as famílias agrícolas' classificado VII (2,82), 'os trabalhadores dificilmente estão disponíveis para a operação agrícola' classificado VIII (2,80),

'falta de dinheiro' classificado IX (2,70) e 'falta de facilidades de crédito' classificado X (2,65)

respetivamente. O valor da pontuação para cada constrangimento indica a gravidade que

causou a baixa adoção.

5.6 Medidas de correção:

Quadro-5.6.1 Medidas corretivas para melhorar a produção de batata.

S. Medidas sugeridas N.º.	Percentagem	Ordem de classificação
1. Abordagem adequada para a proteção da cultura contra o animal.	73.33	I
2. Os agricultores devem dispor de uma fonte permanente de informação sobre a produção vegetal.	71.67	II
3. Devem existir fontes de crédito flexíveis.	62.50	III
4. O regime de aquisição da produção é efectuado pelo governo, como no caso do trigo e do arroz.	57.50	IV
5. As instalações de irrigação do governo devem estar presentes.	55.00	V
6. Deve ser assegurado o fornecimento fiável de sementes, fertilizantes e pesticidas.	46.67	VI
7. Deve ser criada uma unidade de transformação de batata	45.83	VII
8. Devem ser organizadas demonstrações de diferentes métodos de cultura.	40.00	VIII

A maioria dos inquiridos sugeriu os seguintes pontos: "Abordagem adequada para a proteção da cultura contra o animal (bezerro azul)" (73,33%), seguida de "Uma fonte permanente de informação entre os agricultores relacionada com a produção agrícola" (71,67%), "Deve existir uma fonte flexível de crédito" (62,50%),

'O governo deve fazer acordos de aquisição da produção, como no caso do trigo e do arroz' (57,50%), 'Devem existir instalações de irrigação governamentais' (55,0%), 'Deve ser assegurado o fornecimento fiável de sementes, fertilizantes e pesticidas' (46,67%), 'Deve ser criada uma unidade de transformação de batata' (45,83%) e 'Devem ser organizadas demonstrações de diferentes métodos culturais' (40,0%), que foram classificadas em I, II, III, IV, V, VI, VII e VIII, respetivamente.

Foi realizado o presente estudo intitulado "Um estudo sobre o conhecimento e a adoção de práticas científicas de cultivo da batata entre os agricultores do bloco de Kayamganj no distrito de Farrukhabad (U.P.).

De um total de 7 blocos de desenvolvimento comunitário, Kayamganj foi selecionado propositadamente para este estudo. Das 150 aldeias do bloco Kayamganj, 5 aldeias foram selecionadas aleatoriamente para este estudo. Foi selecionada uma lista completa, com um número total de 100 produtores de batata, através da técnica de amostragem aleatória proporcional, com base no critério da posse de terras.

A análise foi feita com o uso de percentagem, média e desvio padrão para tirar as inferências. O estudo também realçou os constrangimentos enfrentados pelos inquiridos em termos de conhecimento e de apoio no que diz respeito à tecnologia melhorada de produção de batata praticada pelos produtores de batata:

1. Estudar o estatuto socioeconómico dos agricultores da zona de amostragem.
2. Estudar o grau de conhecimento do agricultor relativamente à cultura científica da batata.
3. Estudar o grau de adoção dos inquiridos selecionados no que respeita à cultura científica da batata.

4. Estudar os constrangimentos enfrentados pelos agricultores na produção de batata e sugerir soluções para os ultrapassar.

Perfil socioeconómico dos inquiridos.
1. Um número máximo de inquiridos (61%) pertencia ao grupo dos 32-61 anos.
2. O máximo, ou seja, 98% dos inquiridos eram alfabetizados, enquanto 2% eram analfabetos.

3. O número máximo de inquiridos (42%) pertencia a outra casta atrasada, seguida de outra casta gernal (30%).

4. As famílias monoparentais eram em maior número do que as famílias conjuntas em termos de percentagem. 84% dos inquiridos pertenciam a famílias monoparentais, enquanto 16% pertenciam a famílias conjuntas.

5. Observou-se que 63% dos inquiridos tinham 7-11 membros nas suas famílias, seguidos de 21% com 15 membros ou mais e 21% com até 6 membros, respetivamente.

6. O número máximo de inquiridos (50%) referiu ter casas de Pucca, seguido de Mista (47%), Kuchcha (02%) e Cabana (1%), respetivamente.

7. A percentagem máxima de inquiridos, ou seja, 30%, tinha menos de 1 ha, 36% tinha 1-2 ha, 20% tinha uma dimensão média e 14% tinha uma dimensão grande, respetivamente.

8. A esmagadora maioria, ou seja, 89% das famílias inquiridas, foi declararam a agricultura como a sua atividade principal.

9. A maioria dos inquiridos (71%) não participa em nenhuma organização, seguida de 24% que participam numa organização e 05% que participam em duas organizações, respetivamente.

10. 75 por cento dos inquiridos dispunham de energia eléctrica na exploração agrícola e 25 por cento dos inquiridos não dispunham de energia eléctrica na exploração agrícola.

11. A maioria dos inquiridos (99%) possuía Kudal, seguido de shavel (99%), de triturador de palha (75%) e de pata (35%) como implementos agrícolas.

12. A maioria dos inquiridos (100%) tinha berços, seguidos de relógios (95%), cadeiras (80%) e ventoinhas (73%) como materiais de uso doméstico.

13. A maioria dos inquiridos tinha bicicleta (99%), seguida de motociclo (75%), carro (7%) e jipe (2%), respetivamente.

14. 96% dos inquiridos tinham como principais fontes de informação o telemóvel, seguido da rádio (79%), da televisão (74%) e dos jornais (67%).

15. O contacto dos inquiridos com as lojas de fertilizantes/associações foi máximo entre as fontes formais, seguido dos membros da família e dos agricultores progressistas, respetivamente.

16. No caso das fontes informais, o contacto máximo dos inquiridos foi com familiares e vizinhos, seguido de amigos e líderes locais.

17. No caso da exposição aos meios de comunicação social, o máximo de inquiridos referiu a rádio como principal fonte de informação, seguida da televisão, do jornal e do boletim de notícias.

18. A maioria dos inquiridos (76%) tinha um nível médio de motivação económica, seguido dos níveis alto e baixo, respetivamente.

19. A maioria dos inquiridos (80%) tinha um nível médio de orientação científica, seguido dos níveis alto e baixo, respetivamente.

20. A maioria dos inquiridos (78%) apresentou um nível médio de orientação para o risco, seguido dos níveis baixo e alto, respetivamente.

Grau de conhecimento do agricultor sobre a tecnologia de produção de batata.

1. A maioria dos inquiridos (46%) situou-se na categoria média de conhecimentos sobre variedades melhoradas de batata.

2. O número máximo de inquiridos (45%) possuía um nível elevado de conhecimentos, seguido de um nível baixo (31%) e médio (22%) de conhecimentos sobre a preparação do terreno, respetivamente.

3. A maioria dos inquiridos (50%) possuía um nível médio de conhecimentos sobre a taxa de sementes, respetivamente.

4. A maioria dos inquiridos (64%) possuía um baixo nível de conhecimentos sobre o tratamento de sementes, respetivamente.

5. O número máximo de inquiridos (42%) possuía um elevado nível de

conhecimentos sobre a época de sementeira.

6. A maioria dos inquiridos (44%) possuía um baixo nível de conhecimentos sobre

o espaçamento.

7. A maioria dos inquiridos (64%) possuía um nível médio de conhecimentos sobre

a aplicação de estrume e de fertilizantes, respetivamente.

8. O número máximo de inquiridos (42%) possuía um nível elevado de

conhecimentos sobre o momento da aplicação, respetivamente.

9. A maioria dos inquiridos (41%) possuía um baixo nível de conhecimentos sobre

as práticas de irrigação, seguido de alto e baixo.

10. O número máximo de inquiridos (62%) possuía um nível médio de

conhecimentos sobre interculturalidade, respetivamente.

11. Observou-se que a maioria dos inquiridos (81%) tinha um baixo nível de

conhecimentos sobre as medidas de proteção das plantas, respetivamente.

12. A maioria dos inquiridos (55,00%) possuía um nível médio de conhecimentos

sobre a tecnologia pós-colheita, respetivamente.

Grau de adoção

1. A maioria dos inquiridos (50%) foi observada na categoria média de adoção de

variedades melhoradas de batata.

2. O número máximo de inquiridos (45%) possuía um elevado nível de adoção,

respetivamente.

3. A maioria dos inquiridos (75%) observou um nível médio de adoção da taxa de

sementes, respetivamente.

4. A maioria dos inquiridos (21%) possuía um baixo nível de adoção do tratamento de sementes, respetivamente.

5. O número máximo de inquiridos (65%) possui um elevado nível de adoção da época de sementeira.

6. A maioria dos inquiridos (31%) possuía um baixo nível de adoção do espaçamento.

7. A maioria dos inquiridos (43%) possuía um nível médio de adoção e um nível médio de conhecimentos sobre estrume e aplicação de fertilizantes, respetivamente.

8. O número máximo de inquiridos (47%) possuía um elevado nível de adoção relativamente ao momento da aplicação, respetivamente.

9. A maioria dos inquiridos (43%) possui um baixo nível de adoção das práticas de irrigação, seguido de um nível elevado e baixo.

10. O número máximo de inquiridos (21%) observou um nível médio de adoção da interculturalidade, respetivamente.

11. A maioria dos inquiridos (37%) possuía um baixo nível de adoção de medidas fitossanitárias, respetivamente.

12. A maioria dos inquiridos (38,00%) possuía um nível médio de adoção da tecnologia pós-colheita, respetivamente.

Restrições:

A. Dos 9 constrangimentos sociais na adoção da tecnologia de produção de batata, os constrangimentos como a falta de contacto com os extensionistas foram classificados em primeiro lugar (3,15), seguidos por 'é mais difícil vigiar a cultura e proteger contra os animais (bezerro azul)' e 'falta de orientação e supervisão adequadas para o cultivo modernizado' classificados em terceiro lugar (2,91), respetivamente.

B. Dos 10 constrangimentos económicos na adoção da tecnologia de produção de batata, os constrangimentos como o baixo lucro ficaram em primeiro lugar (3,16), seguidos pelos agricultores cujo poder de compra era fraco ficaram em segundo lugar (3,11) e a corrupção prevalecente nas instituições financeiras ficou em terceiro lugar (3,04), respetivamente.

Medidas de correção:

1. A maioria das sugestões feitas tendo em conta a opinião expressa dos inquiridos, as observações do investigador e a influência retirada do estudo são as seguintes

2. Com base nas conclusões do estudo, pode dizer-se que a geração jovem não gosta de trabalhar na agricultura. Por conseguinte, esta classe de pessoas deve ser encorajada através de um programa de formação de agricultores para a agricultura comercial como uma melhor fonte de rendimento e de criação de emprego.

3. Um número considerável de agricultores declarou ter outra ocupação para além da agricultura, mas é necessária mais atenção para criar novas áreas de trabalho nas explorações agrícolas, especialmente para os mais pobres, tanto por parte do governo como de agências privadas.

4. Deve ser dada ênfase à popularização e sensibilização para os produtos de valor acrescentado, de modo a que a produção de batata possa aumentar.

5. No que diz respeito às práticas agrícolas, a maioria dos inquiridos não adoptou o tratamento de sementes, o controlo de doenças, o controlo de pragas e os herbicidas na produção de batata através de diferentes fontes governamentais e não governamentais.

6. É essencial fornecer-lhes informações inovadoras relacionadas com a produção vegetal através de diferentes fontes governamentais e não governamentais.

7. Deve ser assegurado o fácil acesso ao crédito e ao fornecimento de factores de produção.

A demonstração deve ser organizada periodicamente para uma melhor adoção das práticas culturais.

8. Deve ser iniciada na zona uma rede de empresas baseada na produção de batata para melhorar os rendimentos e o emprego.

Argumedo, A. e Pimbert, M. (2006). Proteção dos conhecimentos indígenas contra a biopirataria nos Andes. *Proteger os conhecimentos indígenas contra a biopirataria nos Andes,16 .[Diversos]*

Pandit, Arun. Rana, K. Anil. Pandey, R. K. K, N. e Kumar, N. R. (2010). Um estudo sobre o perfil socioeconómico dos produtores de batata: comparação das condições de regadio e de sequeiro em Himachal Pradesh. *Tropical Agricultural Research and Extension*; **41**(8):69-74.

Azarpour, E. M oraditochaee, M . e Bozorgi, H. R. (2013). Estimativa de energia, balanço energético e índices económicos da batata de cultivo regada *African Journal of Biotechnology*, **12**(28):10442-10447.

Badodiya, S. K. Nagayach, U. N. e Uttam Bisen (2009). Lacuna de adoção da tecnologia de produção de batata recomendada entre os produtores de batata. *Annals of Biology*, **25**(2):191-195.

Bagheri, A. Fami, H. S. e Razeghi, M . (2011). Conhecimento dos produtores de batata sobre sustentabilidade na região de Ardabil, no Irão. *Revista Espanhola de Desenvolvimento Rural SJRD*, **2**(4):85-96.

Bandara, D. G. V. L. e Thiruchelvam, S. (2008). Factores que afectam a escolha das práticas de conservação do solo adoptadas pelos produtores de batata no distrito de Nuwara Eliya, Sri Lanka. *Tropical Agricultural Research and Extension*; **11**(6):49-54.

Barman, S. C. e Islam, M. N. (2005). Real adoption impact measure of potato technologies on production at farmers' level in Comilla District, Bangladesh. *Indian Journal of Agricultural Economics*, **60**(4):677-685.

Barrera, V. H. Alwang, J. Cruz Collaguazo, E. e del P. (2010). Análise da viabilidade socioeconómica e ambiental do sistema de produção de leite de batata na sub-bacia hidrográfica do rio Illangama Equador. *Archivos Latinoamericanos de Produccion Animal,* **18**(1/2):57-67.

Boss, J. F. F. P.e Ven, G. W. J. Van De. (2000). Mistura de sistemas agrícolas especializados em Flevoland (Países Baixos): efeitos agronómicos, ambientais e socioeconómicos. *Jornal Holandês de Ciências Agrícolas,* **48**(3/4):185-200.

Carvalho (2013). observou-se que a utilização do Kc recomendado pela FAO pode sobrestimar a quantidade de água de rega em 9%, no mesmo período vegetativo. *Atualização Agrícola,* **6**(3/4):312-314.

Davoodi, H. e M aghsoudi, T. (2012). Análise do conhecimento dos produtores de batata sobre agricultura sustentável em Shushtar Township. *Iranian Journal of Agricultural Economics and Development Research (IJAEDR),***42**(2):265-274.

Deka, C. K. e Mukhopadhyay, S. B. (2008). Um estudo sobre o grau de adoção de práticas científicas de cultivo de batata no distrito de Barpeta, em Assam. *Atualização Agrícola,* **3**(3/4):304-306.

Divis, J. e Zlatohlavkova, S. (2004). Não foi provado um efeito positivo dos métodos agrícolas ecológicos aplicados no teor de solanina. O teor de vitamina C foi mais afetado pela variedade e pelos anos do que pelos métodos de cultivo. *Journal of Crop and Weed,* **8**(9):145-149.

Ekwe, K. C. Tokula, M . H. Onwuka, S. Asumugha, G. N. Nawakor, F. N. (2010). Determinantes socioeconómicos da produção de batata-doce no Estado de Kogi, Nigéria. *Nigerian Agricultural Journal,* **41**(1):192-199.

Epeju, W. F. (2010). Caraterísticas pessoais dos agricultores na garantia da produtividade agrícola: lições dos produtores de batata em Teso, Uganda. *Jornal de Investigação JNKVV,* **63**(1/2):46-48.

Gurskiene, V. e M akauskas, J. (2007). Análise das condições agrícolas na Lituânia Central. *Water Management Engineering,* **18**(40):101- 107.

Ierna, A. e Parisi, B. (2014). Crescimento da cultura e rendimento de tubérculos da cultura de batata "precoce" sob agricultura orgânica e convencional. agricultura. *Scientia Horticulturae,* **165**:260-265.

Islam, M . R. e Nahar, B. S. (2012). Efeito da agricultura biológica na absorção de nutrientes e na qualidade da batata. *Jornal de Ciência Ambiental e Recursos Naturais,* **5**(2):219-224.

Joudu (2001). Os resultados confirmaram que Ando e R872-92N eram mais resistentes ao míldio tardio (*Phytophthora infestans*) do que os outros genótipos. *The Agriculturists,* **11**(2):79-86.

Khalil, M. I. Haque, M. E. e Hoque, M. Z. (2013). Adoção das variedades de batata (*Solanum tuberosum*) recomendadas pela BARI pelos produtores de batata do Bangladesh. *The Agriculturists,* **11**(2):79-86.

Kubrevi, S. S. (2009). Índice de adoção dos inquiridos relativamente a uma variedade melhorada de cultivo de batata. *Ambiente e Ecologia,* **27**(2A):827-829.

Kubrevi, S. S.e Khare, N. K. (2008). Perfil dos agricultores em relação à cultura da batata no bloco Chadoora, distrito de Budgam (Jammu e Caxemira). *Ambiente e Ecologia;* **26**(3A):1417-1419.

M aggio, A. Carillo, P. Bulmetti, G. S. Fuggi, A. Barbieri, G. e Pascale, S. de. (2008). Rendimento da batata e perfil metabólico em agricultura convencional e biológica. *Jornal Europeu de Agronomia,* **28**(3):343-350.

Madhuprasad, V. L. Kumar, G. V. M. Venkataramana, P. e Muniswamappa, M. V. (2002). Inquérito sobre a adoção de práticas de armazenamento de batata no distrito de Kolar. *Investigação atual - Universidade de Ciências Agrícolas (Bangalore);* **31**(5/6):91-93.

Mousavi, M . e Chizari, M. (2007). Avaliação das necessidades educativas dos produtores de batata relativamente à comercialização em Ajabshir: *Journal of Science and Technology of Agriculture and Natural Resources,* **11**(1B):487-488.

Mukherjee, D. (2012). Conservação de recursos através do sistema de agricultura indígena nas colinas de Bengala Ocidental. *Journal of Crop and Weed,* **8**(1):160-164.

Mukul, A. Z. A. Rayhan, S. J. Hassan, M . (2013). Rentabilidade do agricultor no cultivo da batata no distrito de Rangpur: o socioeconómico. *The Agriculturists,* **10**(8):69-76

Muttaleb, M. A. Hossain, M. A. e Rashid, M. A. (1998). Nível de adoção e seus constrangimentos de uma tecnologia recomendada selecionada para a batata. *Bangladesh Journal of Training and Development,* **11**(1/2):101-108.

Namwata, B. M. L. Lwelamira, J. e Mzirai, O. B. (2010). Adoção de tecnologias agrícolas melhoradas para a batata-inglesa (*Solanum tuberosum*) entre os agricultores do distrito rural de Mbeya, na Tanzânia: um caso da ala de Ilungu. *Jornal de Ciências Animais e Vegetais (JAPS);.* **8**(1):927-935. 30

Niemczyk, H. (2011). Isto resultou num menor peso de tubérculos por planta e, consequentemente, numa redução do rendimento por 1 m de linha. Quanto maior for a largura de trabalho de um pulverizador, menor será a perda de rendimento calculada de uma área cultivada com batatas com linhas de elétrico. *Research on Crops,* **15**(5):180- 182.

Nowacki, W. (2007). Rendimento comercial e perdas de armazenamento de batatas de mesa cultivadas em sistemas de agricultura biológica e integrada. *International Journal of Biosciences (IJB),* **5**(17):59-66.

Pacifico, D. Casciani, L. Ritota, M . M andolino, G. Onofri, C. M oschella, A. Parisi, B. Cafiero, C. e Valentini, M . (2013). Metabolómica baseada em NMR para rastreabilidade da agricultura biológica de batatas precoces. Ajabshir.*Journal of Science and Technology of Agriculture and Natural Resources,* **15**(1(C)):448-449

Peer, Q. J. A. Satesh Kumar Aziz, M. A. Jasvinder Kaur Chesti, M. H. e Anil Bhat

(2014). Comportamento de adoção dos produtores de batata na zona subtropical da divisão de Jammu.*African Journal of Agricultural Research,* **9**(2):202-205.

Peters, D. (2004). Utilização da batata na produção de suínos na Ásia: aspectos agrícolas e socioeconómicos. *Pig News and Information,* **25**(1):25N-34N.production in north of Iran. *International Journal of Biosciences (IJB),* **3**(11):48-56.

Singh, Rachna. (2005). A fertilização de precisão (PF) aumentou a eficiência da utilização de fertilizantes em 109% em relação à fertilização recomendada (RF), sem afetar significativamente a produção de tubérculos. A FP reduziu a necessidade média de fertilizantes em 50% e aumentou os retornos líquidos em 5% e a relação benefício:custo em 3,3% em comparação com a RF.

Ramachandra, K. V. Madhuprasad, V. L. e Shivanandam, V. N. (2008). Adoção de práticas de gestão de nutrientes no sistema de cultivo couve-batata pelos agricultores do distrito de Kolar. *Environment and Ecology,* **26**(1A):385-388.

Ramachandra, K. V. Prasad, V. L. M. e Narasimha, N. (2009). Correlatos da adoção de práticas de gestão de nutrientes na cultura da batata pelos agricultores. *Research on Crops,* **10**(1):179-181.

Reichert, L. J. Cuellar Padilla, M . Gomes, M . C. Sanchez Caceres, R. (2012). Uma análise socioeconómica da produção de batata nos municípios de Sanlucar de Barrameda/Espanha e São Lourenço do Sul/Brasil. *Revista de Ciencias Agrarias (Portugal), 35(1):143-156.*

Renu Jethi .(2008). Participação das mulheres agricultoras na produção de batata em explorações agrícolas selecionadas. *A monograph on management of salt-affected soils and water for sustainable agriculture,* 99-113.

Singh, P. Agnihotri, R. K. Bhadauria, S.e Rashmi Vamil Sharma, R. (2012). Estudo comparativo do cultivo de batata através de micropropagação e métodos agrícolas convencionais. *Jornal Africano de Biotecnologia,* **11**(48):10882-10887.

Singh, R. K. Rai, A. K. e Pyasi, V. K. (2002). Adoção e necessidades de formação de tecnologia de produção de batata entre os pequenos agricultores. *JNKVV Research Journal,* **36**(1/2):66-68.

Skrabule, I. M uceniece, R. e Kirhnere, I. (2013). Avaliação de vitaminas e glicoalcalóides em genótipos de batata cultivados em sistemas agrícolas orgânicos e convencionais. *Potato Research,* **56**(4):259-276.

Slawinski, K. (2011). Análise do consumo de energia no cultivo de batata comestível em sistema de agricultura biológica. *Jornal de Investigação e Aplicações em Engenharia Agrícola,* **56**(4):107-109.

Slawinski, K. e Bujaczek, R. (2012). A análise do consumo de energia em ligação de rotação: centeio de inverno-batata em sistema de agricultura biológica e convencional. *Revista Polaca de Ciências Naturais,* **27**(4):353-358.

Tein, B. Kauer, K. Eremeev, V. Luik, A. Selge, A. e Loit, E. (2014). Os sistemas de cultivo afetam a qualidade do tubérculo e do solo da batata (*Solanum tuberosum* L.). *Pesquisa de Culturas de Campo,* **156**:1-11.

Wiboonpongse, A. Sriboonchitta, S. e Khuntonthong, P. (2008). Um acordo alternativo para os produtores de batata num sistema de agricultura por contrato. *Ata Horticulturae,* **794***:335-340.*

Wulf, B. (2011). Etileno para inibição de rebentos de batata em agricultura ecológica. *Kartoffelbau,* **4**(11):24-29.

Zekri, S. Al-Rawahy, S. A. Naifer, A. (2010). Considerações socioeconómicas da salinidade: estatísticas descritivas do Batinah. *Jornal de Investigação e Aplicações em Engenharia Agrícola,* **52**(4):5-9.

DEPARTAMENTO DE ENSINO DE EXTENSÃO

Universidade N.D. de Agricultura e Tecnologia, Kumarganj, Faizabad-224 229 (U.P.) Índia

Tópico: "Um estudo sobre o conhecimento e a adoção de práticas científicas de cultivo de batata entre os agricultores do bloco de Kayamganj no distrito de Farrukhabad (U.P.)"
RESUMO

O estudo foi realizado no bloco Kayamganj do distrito de Farrukhbad, selecionado propositadamente. Foi selecionado um número total de 100 produtores de batata através de uma amostragem aleatória proporcional de cinco aldeias, com base na dimensão das terras. O calendário estruturado foi elaborado tendo em conta os objectivos e as variáveis a estudar. Os inquiridos foram contactados pessoalmente para a recolha de dados. A análise dos dados foi efectuada com a utilização do coeficiente de correlação para a recolha. A análise dos dados foi efectuada com recurso a. A percentagem, a média e o desvio-padrão também foram utilizados para fazer a inferência.

Os resultados do estudo mostraram que a maioria dos inquiridos pertencia a vários perfis socioeconómicos, como a idade, a categoria de 32-61 anos (61%), analfabetos (2%), casta atrasada (42%), famílias conjuntas (84%), famílias com 711 membros (63%), agricultores marginais com uma propriedade inferior a 1 hectare (30%) e um padrão de habitação do tipo Pucca (50%), respetivamente. A agricultura foi observada como ocupação principal e subsidiária com (89%) e (11%), respetivamente. A maioria dos inquiridos (71%) não participava em organizações sociais. 24% dos inquiridos (19%) auferiam um rendimento anual até 45 000 rupias e a maioria dos inquiridos (79%) pertencia à categoria média (13 a 47) de posse de materiais. O telemóvel (96%) e a rádio (79%) foram considerados os principais meios de comunicação dos inquiridos e o número máximo de inquiridos (72%) possuía um nível médio (30 a 65 anos) de experiência na agricultura. No que se refere ao padrão de utilização das fontes de informação pelos inquiridos, observou-se um contacto máximo com os armazéns de fertilizantes/sementes (0,94) no âmbito das fontes formais, com os membros da família (0,96) no âmbito das fontes informais e com a rádio (0,958) no âmbito da exposição aos meios de comunicação social. O número máximo de inquiridos que se encontra no nível médio de orientação científica, motivação económica e orientação para o risco é de (80%), (76%) e (78%), respetivamente. A maioria dos produtores de batata.

Variáveis como a posse de materiais foram altamente significativas e positivamente correlacionadas com a posse de terras, o rendimento anual, a ocupação, o grau de contacto com fontes de informação e o grau de conhecimento.

A educação, a casta e a posse de materiais foram significativas e tiveram uma correlação positiva com o grau de adoção. Na adoção da tecnologia de produção de batata, os constrangimentos sociais, como a falta de contacto com os extensionistas, foram classificados como I e, no caso dos constrangimentos económicos, os baixos lucros foram classificados como I.

A maior parte das sugestões feitas tendo em conta a opinião expressa dos inquiridos e a observação do investigador, pode dizer-se que a proteção da cultura deve ser assegurada contra os animais e que deve ser organizado um programa de formação dos agricultores para a agricultura comercial e que deve ser dada ênfase à popularização e sensibilização para o valor acrescentado do produto da batata.

VITAE

NOME: AMIT KUMAR MISHRA

DATA DE NASCIMENTO: 10- 01- 1991

LOCAL DE NASCIMENTO: VILL. - POST- SIKANDARPUR KHASH

POST- KAMPIL

TEHSIL- KAIMGANJ,

DISTRITO- FARRUKHBAD (U.P.)

QUALIFICAÇÃO ACADÉMICA:

> **2006- PASSOU NO EXAME DO ENSINO SECUNDÁRIO COM A PRIMEIRA DIVISÃO DA U.P. BOARD, ALLAHABAD.**

> **2008 - APROVAÇÃO NO EXAME INTERMÉDIO COM A PRIMEIRA DIVISÃO DA U.P. BOARD, ALLAHABAD.**

> **2012 - APROVADO NO EXAME DE B.Sc. (Ag.) COM A PRIMEIRA DIVISÃO DA UNIVERSIDADE C.S.J.M., KANPUR (A.S. COLLEGE, MAJOR S.D. SINGH, FARRUKHBAD (U.P.).**

> **2014-PROVADO NO M.Sc. (Ag.) EXTENSION EDUCATION, COM A PRIMEIRA DIVISÃO DA N.D. UNIVERSITY OF AG & TECH, KUMARGANJ, FAIZABAD (U.P).**

> **JULHO DE 2015, FOI ADMITIDO NO PROGRAMA DE DOUTORAMENTO EM EXTENSÃO AGRÍCOLA S.V.P. UNIVERSITY OF AG & TECH, MEERUT (U.P).**

ENDEREÇO POSTAL-:

AMIT KUMAR MISHRA S/O Sr. SHIV KUMAR MISHRA

VILL. - SIKANDARPUR, POST- KAMPIL TEHSIL- KAIMGANJ,DISTRICT- FARRUKHABAD (U.P.)

MOb. N.º - 9453071299,9628428496

E-Mail - meetsvbp@gmail.com

I want morebooks!

Buy your books fast and straightforward online - at one of world's fastest growing online book stores! Environmentally sound due to Print-on-Demand technologies.

Buy your books online at
www.morebooks.shop

Compre os seus livros mais rápido e diretamente na internet, em uma das livrarias on-line com o maior crescimento no mundo! Produção que protege o meio ambiente através das tecnologias de impressão sob demanda.

Compre os seus livros on-line em
www.morebooks.shop